ジェイシー・リース 著
Jacy Reese

井上太一 訳

肉食の終わり

非動物性食品システム実現へのロードマップ

原書房

The End of Animal Farming:
How Scientists, Entrepreneurs, and Activists Are Building an Animal-Free Food System

肉食の終わり　非動物性食品システム実現へのロードマップ　◉　目次

〔……〕は原著者による補足を、＊および〔……〕は訳者による注記を示す。

本書を、ピタゴラス（ベジタリアンのギリシャ哲学者）や
アショカ（動物擁護者のインド王）をはじめとする古代の変革者たちに捧げたい。
かれらの影響は世界史上の誰にも勝る貢献をなしたに違いない。

はじめに

本書は畜産の問題に関する本ではない。畜産が人々の健康、農業従事者、地域社会、国家経済、世界の食料供給、空気と水、それにもちろん、飼育される動物たちにおよぼす害悪については、多数の説得力ある書籍やドキュメンタリー、ニュース記事、科学論文が詳しく伝えている。[1]

本書で考えるのは、そうした問題を具体的にどう解決するかである。

畜産業界の告発や批判は膨大な数にのぼり、技術論者のトム・チャットフィールドに至っては、後世の子孫が今日の社会を振り返って嘆くであろう事柄の筆頭に「肉食と工場式畜産」を挙げている。ジャーナリストのエズラ・クライン、著述家のスティーブン・ピンカー、大実業家のリチャード・ブランソン、科学教育者のビル・ナイ、インドの政治家マネカ・ガンディーも、畜産利用される動物たち*への懸念を主たる理由に、こぞって同様の予想を語る。[2] 二〇一七にはBBCが『大虐殺』という疑似ドキュメンタリーをつくり、人々がみなビーガン**になった半世紀後の世界を描いた。番組ではイギリスの気持ち悪い動物食の歴史が、ユーモアをまじえ批判的に概観される。

＊　動物擁護論者の多くは livestock（家畜）や farm animal（畜産動物）という表現を抑圧的とみなし――livestock は動物を文字通りモノ扱いし、farm animal は畜産の主体が動物自身であるかのよう

にほのめかす――、これらと区別する意図から farmed animal（「farm される動物」）という表現を用いる。それを踏まえ、本書では原則として farmed animal を「畜産利用される動物」と訳し、煩雑になる箇所でのみ「農用動物」と訳した。

＊＊　ビーガンは動物利用を伴う事業や産物の全てを拒む人々。ただし本書では食の方面に的を絞り、あらゆる動物性食品を避ける人々の意で「ビーガン」を用いる。ビーガンの生活実践と思想的立場をビーガニズムという。ベジタリアンは肉を食べない人々の総称であり、乳製品や卵の消費者をも含みうるので、ビーガンから区別される。

人々が今なお、疾病、抑圧、戦争、人種的・経済的不平等、その他の差し迫った社会問題に悩まされていることを思えば、この無視されてきた生きものたちの窮状がこれほどの注目を集めているのは驚きかもしれない（なお、数でいえば畜産利用される動物の約九三パーセントは鶏と魚が占める）[3]。が、畜産業による人間の被害を脇に置いたとしても、少し頭を使えば無視しがたい喫緊の道徳問題がみえてくる。次に挙げる三つの事実を考えてみよう。第一に、現在の世界では人間の数の一〇倍を超える一〇〇〇億匹以上の動物が畜産利用されている[4]。第二に、この動物たちの九割超（アメリカでは九九パーセント超）は、産業化した大規模な「工場式畜産場」で飼われ、狭い檻での集約監禁、残忍な身体損傷と屠殺処理、感染症の猛威、肉・乳・卵の過剰生産へ向けた人工繁殖に伴う果てしない苦痛といった、恐ろしい惨劇を生きている[5]。第三に、今日ではこの動物たちが、大きな喜びや苦しみを感じる情感*を具（そな）えた生きものであるという科学的な統一見解がある[6]。これらの事実を考えあわせるなら、畜産が単なる抽象的な機械と家畜のシステムではないことがわかるだろう。

それは痛ましい生涯を負わされた情感ある生命たちの物語が、一つまた一つと、一〇〇〇億回以上も繰り返される道徳的な大惨事なのである。『サピエンス――人類小史』や『ホモ・デウス――明日の小史』を著わした史家のユヴァル・ノア・ハラリは、畜産業を「史上最悪の犯罪」とまで言った。[7]

＊「情感」（sentience）はものを感じる能力を指すが、動物倫理の文脈では主として快苦を経験する能力を指すことが多い。受け取った刺激を主観的・意識的に経験する能力なので、感覚（sense）や感受性（sensation）からは区別される。

全ての畜産に反対するこのような立場は、読者に警戒心を抱かせるかもしれない。畜産業界の片隅に工場式とは違う小さな一角があるのなら、全てをなくすよりもそこを応援すべきなのではないか。幸せな鶏の卵を買うこととの何が問題なのか。この点については第6章で筆者の見解を述べ、全ての畜産に反対すべきことを論じる。ただし、本書の議論の大部分はその観点にもとづかない。善き食を求める人々は立場の違いによらず、おおよそ現代畜産に反対する点で団結しており、本書も第6章を除けば『工場式畜産の終わり』という表題がふさわしいと思ってもらってほぼ差し支えない〔本書の原題は『畜産の終わり』（*The End of Animal Farming*）〕。

未来は想像以上に明るい

人によっては、畜産業がいつか終わりを迎えるという考えを否定し、肉・乳・卵は人間社会と人の性（さが）に食い入りすぎていると語る。が、人類はむしろ似たような変遷をいくつも目の当たりにしてきた。動物に関係するところでは、家を照らす燃料が鯨油から石油に変わった。地域内の主たる移動手段が馬車から自動車に変わった。現在はサーカスが動物主体から人間主体の娯楽へと大きく変わりつつある。動物に関わらないところでは、今日の動物たちに似てこれ見よがしに無神経な扱いを受けてきた多くの人間集団を取り巻く関係に劇的な変化が訪れた。非人道的な児童労働の習慣は広く廃止された。女性や有色人種や知的障害を負う人々など、抑圧されてきた多くの集団は、単なる財産や市民以下とみられていた立場から一変し、自身の権利・願望・利益を持つ個人と評価されるようになった——社会の進歩がまだまだ道半ばなのは無論だとしても。

畜産とベジタリアニズムの分野に絞っても、すでに目覚ましい変化があり、種の違いは人間らの性や人種の区分と同じく道徳的配慮を遮る絶対の障壁ではないことが示された。加えて私たちの食習慣は変更が利かないものでも生得的なものでもなく、文化習俗に左右される部分が大きい。西洋ではベジタリアニズムが長きにわたり風変わりで禁欲的な生活スタイルとみられていた。一九世紀にはクラッカーの発明で知られる牧師のシルベスター・グラハムと、朝食シリアルの発明で知られる医師のジョン・ハーヴェイ・ケロッグが、健康を高め性欲と不道徳な気性を抑えるという名目で味気ないベジタリアン食を推奨した（かれらの勧めはほかに振動療法や完全な禁酒・禁煙、まめな浣腸なども含んでいた）[8]。これは修行僧のような健康マニアのあいだにベジタリアニズムを広めた一方、アメリカの一般人に、あれは奢った独善家の異質な食習慣だという印象を根付かせてしまった。

現在のベジタリアン食やビーガン食に対してもそうした固定観念は残っているが、今日ではこれらの食事が個人の純粋性のためではなく、動物と環境と人間福祉のために実践されていることから、はるかに真剣なものと受け止められている。メンフィス・ミーツという新企業は、二〇一六年に世界初の培養ミートボール——動物細胞を培養した本物の肉（第5章で詳述）——を公開した際、メンフィス地区のバーベキューレストランに販路を築きたいと語り、肉に目のない購買層の関心を惹いた。[9] 総合格闘家のネイト・ディアス、怪力男のパトリック・バブーミアン、テニス選手のセリーナ・ウィリアムズとビーナス・ウィリアムズ、ナショナル・フットボール・リーグのディフェンシブエンドを務めるデビッド・カーターなど、世界的なアスリートたちがビーガニズムを実践し、その食事が競技成績向上の秘訣だと語っている。[10]

非動物性の食品は胸躍る新技術やシリコンバレー、開発トレンドの形成者ともつながりを深めつつある。グーグル一社の動向をみるだけでよい。同社の共同創設者セルゲイ・ブリンは二〇一三年、世界初となる培養肉バーガーの開発に投資した。[11] 二〇一五年にはグーグルが植物性食品の草分け企業に数えられるインポッシブル・フーズの買収を試みた（インポッシブルは売却を拒んだが）。[12] グーグルの親会社アルファベットの会長を務めるエリック・シュミットは、二〇一六年の最重要技術トレンドを「牛にまさる技術屋」と言い表し、来たる数十年のうちに非動物性食品は従来の食肉産業に取って代わるだろうとの予測を示した。[13] グーグルは社内でもこのトレンドをいち早く取り入れ、社員食堂の動物性食品を非動物性のそれ、たとえば有名ブランドの卵不使用マヨネーズであるジャスト・マヨや、海のエビが食べる藻でつくられたニューウェーブ・フーズの植物性エビもどきなどに置き換えた。[14]

畜産の終わりを不可避とする決め手は、肉・乳・卵の生産に伴う信じがたい非効率にある。畜産利用される動物は植物からカロリーと栄養を摂取し、そのエネルギーを肉・乳・卵の生産だけに留まらないさまざまなことに使う。[15] 呼吸、運動、蹄や臓器や体毛の成長など、かれらは一般的な身体機能の全てを具えている。そのため、動物たちのカロリー変換効率は一〇対一からそれ以上にもなる。つまり、一〇カロリーの飼料を動物に与えても、得られる肉は約一カロリーにしかならない。そして一〇グラムの植物性蛋白質を投じて得られる動物性蛋白質は最大でも二グラムに留まる。[16]

料理専門家や食品科学者はこの無駄を減らすべく、動物性食品の成分（脂肪、蛋白質、栄養素、水分）を植物から直接抽出して肉の形に組み立てる試みへと向かっている。あるいはメンフィス・ミーツのミートボールよろしく培養肉をつくる選択肢もあり、これは動物体内の過程を細胞培養で再現してつくられる本物の肉なので、従来の肉と分子的に何も違わない。こうした方法の効率性を鑑みるに、人類はいずれ倫理を抜きにしても、動物を育て殺すという無駄の多い過程を捨て、優れた技術力を使って肉・乳・卵をつくるようになると考えられる。言い換えれば、畜産が終わりを迎えると思える大きな理由の一つは、それが肉の消滅を意味しないから、という点にもある。

効果的な利他主義

筆者の観点はテキサスの田舎で育った経験に起源をもつ。初めてヤギの出産を見たときの記憶は脳裏に焼き付いている。それは大変な難事で、近所の人々はこぞって我が家に訪れた。集まった人々は母ヤギが無事で子ヤギが健康なのを見届けたかったのだが、これは率直にいうと、テキサス東部の辺鄙(へんぴ)な山奥ではほかに格別一大事になるようなこともなかったからである。中学校では科学祭用に「ヤギの運動器具」をつくった。同級生と筆者は塩ビ管でメリーゴーランドをつくり、両端に一頭ずつヤギをつないで同時に円軌道を歩けるようにした。子供の頃はその他、鶏や兎の飼育を手伝ったり、農業祭で競技に加わったり、父が手ずから建てた純テキサス風の家の裏にあたる森の日だまりでスイカとオクラの畑を耕したりした。

　多くのアメリカの児童らと同じく、筆者も幸せで健やかな牛や豚や鶏が青空を望む草原で飼われる姿を、塗り絵帳で見ながら育った。畜産業界は分散していて、アメリカの地方に点在する何千もの古き良き牧場からなると信じていた。毎日学校へ行く途中に、青々とした牧場で数十頭もの牛が歩きながら草を食(は)んだり反芻(はんすう)したりするようすを目にもした。筆者にとって肉は、それぞれの土地に暮らす人と動物の自然で本来的なつながりを象徴するものだった。

　一四歳のある日、筆者はとあるウェブサイトを訪れ、標準的な工場式畜産場の残忍行為、たとえば普通の鶏が一羽につきA4用紙一枚分以下の広さしか与えられないなどの事実を知った。自分が食べる肉の大半は、道端で目にしていたような農場ではなく、こうした畜産場に由来することも学んだ。それで筆者は一連の事実を考えあわせた結果、その日からベジタリアンになった。

　筆者の決断は最大の好影響を生むよう行動するという考え方に根差すもので、今日ではこの哲学が「効果的な利他主義」の名で知られる。これを基盤に据える社会運動はすでに存在し、そこでは証拠(エビデンス)と理性を駆使して他者らに最大の便益をもたらすことがめざされる。実際、本書で取り上げる研究課題はどれも、最大の善をなすために私たちは何をすればよいか、という究極の問いを出発点としている。
高校・大学時代の筆者は、マラリアとの戦い、あるいは核兵器や人工知能といった危険な技術の安全性保証など、効果的な利他主義者が重きを置く他の社会問題に関心を寄せた。しかし効果的な利他主義の考え方で中核をなすのは、頭を柔軟にしていわゆる課題X、つまり今の戦略よりも善い結果をもたらす方法を探ることである。最終的に筆者は、規模・難易度・未開拓度の三つを基準に考えた結果、食品システムの改革こそが自分の課題Xだと確信した。[17]
以来、筆者は効果的な利他主義の観点から畜産の問題を捉えることに人生を投じてきた。現在は参与観察者として、他の活動家が欲する道具を提供することがみずからの役目だと思っている。本書は、畜産利用される動物の擁護運動が食品システムを可能な限り迅速かつ確実に改善するためのロードマップと位置付けられる。以下ではすでに運動の先駆者らが取り入れている成功した戦略を概観し、そうした取り組みの慎重な分析と、歴史学・心理学・社会学・マーケティング等々の諸分野による証拠をもとに、未来へ伸びる道を描き出す。ここで基底をなすのは、医学等の分野で用いられる科学的アプローチは社会変革に応用できる、という発想である。社会運動は診断にかけ、強みと弱みを評価し、証拠にもとづく解決策を処方することができる。
読者がすでに運動の一員であるなら、本書が理想的な明るい未来への道しるべとなることを願う。読者がまだ運動に加わっていないのなら、本書が行動を起こすきっかけとなることを願う。行動は思慮深い消費者や市民の日常実践という形をとることもあれば、活動家や事業家や科学者の仕事という形をとることもあるが、どちらにせよ、筆者は本書で示す証拠が読者の心に重要な変化を与えることを期待したい――この執筆が筆者の心を変えたように。運動家が培うと至極有用なスキルの一つは、自身の精神変化を心から喜ぶこと、正しくあるという目標以前に成果を出すという目標を置くことである。

人類の力が膨れ上がるなか、私たちがみずから投票や組織結成を行なえる者たちだけでなく、あらゆる情感ある生命らの利益を慮（おもんぱか）り、畜産のようなややこしい社会問題に効果的な利他主義の観点から切り込むことは、いやましに重要となってくるだろう。世界のモラルが正義へ向かうのは、私たちのような者が影響力を持ちえたときだけである。

ロードマップを広げる

最初の二章では、人類の道徳拡張の歴史と、畜産利用される動物の擁護運動における現状を概観する。ここで見ていくのは、動物が願望と利益を抱く情感ある存在と認められるに至った消息、それによって私たちの価値観と食品システムの実態が不協和にゆらぎだした次第、これまでに最大の成功を収めた動物擁護の戦略（潜入調査による放縦な動物虐待の暴露など）、そして筆者が甚だ逆効果だと考える二つの代表的戦略である。

第3章、4章では、今日みられる非動物性食品――感謝祭の食卓に並ぶ「トーファーキー」のような定番から、それと知らない試食者を騙せるいわゆる「血のしたたる」植物性バーガーのような新作まで*――の歴史とささやかな成功を検証する。この二章では活動と競争ビジネスの経営を掛け持ちする業界牽引者らの複雑な物語が展開する。筆者は戦略上の課題として、企業が動物擁護運動を取り込むとどのようなリスクが生じるか、食品システムに最大の変化をもたらしうるのはどの部門か、代替食品にどのような名称をつけるべきか（たとえば動物の屠殺によらない商品をなお肉と呼ぶか）などの点を俎上に載せたい。

＊　トーファーキーは七面鳥の丸焼きを模した豆腐加工品。血のしたたる植物性バーガーは植物性原料のみで血まで再現したハンバーガー。

第5章では動物の飼養と屠殺の代わりに細胞培養を使って肉・乳・卵をつくる新興の細胞農業を詳しく見ていく。この業界は試食者を騙せる植物性の代替食品だけでなく、分子レベルで動物のそれに等しい畜産物を提供すると請け合う。本章ではこの新技術の舞台裏にいる科学者や財界人を紹介し、かれらが最大の影響力を持つためにどのような戦略がありうるかを考える。

非動物性の食品システムは技術だけでなく気持ちと心の変容にも懸かっている。第6章から8章にかけて概観するのは、このシステムの到来を近づける活動と社会変革の重要戦略である。第6章では人々が動物性食品を食べる原因を確かめ、肉食は自然だとの考えを筆頭とする正当化言説の克服へ向けた戦略を提唱する。加えて本章ではいわゆる「人道的」畜産の問題にも向き合い、単体としてみれば道徳的に許容できそうな畜産形態もこの運動において否定されなければならないゆえんを論じる。第7章は社会規模での食品システム変革を主題に据え、個人の刷新よりも制度のそれが重要であることを論じる。ここでは非動物性の食生活に移行する理由よりも方法に目を向けること、統計以前に実話を示すこと、対決の利用は慎重に行なうことが鍵となる。第8章では大局的な重要問題に迫る——今日のベジタリアン食やビーガン食は豊かな西洋白人リベラルの個人的選択と理解されているが、どうすればこれを、文化をまたぐ世界的な大衆運動に変えられるか。

最後に、第9章は視点を引いて、人類の道徳の輪を取り巻く広い状況を見つめ、畜産の終わりがどのような形をとるか、いつそれが成し遂げられるか、人間動物関係にそれがどう影響するか、畜産なき後に情感ある生きものらがどのような闘いを迎えるか、などを考える。道徳拡張をめざす運動家は、日常努力と世紀をまたぐ社会闘争に挟まれ、心理的緊張を経験するが、これも本章で論じる。運動家は常に遠い先を見据え、思想の継承者たちが最終的にあらゆる情感ある生命らの安全で公正な未来を形にできるよう、その導き手となる必要がある。

第1章　道徳の輪を広げる

二〇一五年に筆者は数人の友人とカリフォルニア州サンホアキン・バレーへ連れ立ち、大空を望む広大なブドウ園に囲まれた、絵のような小さい農場屋敷（ファームハウス）を訪れた。岩だらけの蛇行路を車で進むと、屋敷正面の金属扉が見えてきた。家主のクリスティンは熊手とゴミ箱と他の補充品を積んだゴルフカートに乗って私たちに挨拶をした。明るくさばさばした笑顔のまぶしい女性で、筆者の生家から一時間ほどのところにあるテキサスA&M大学という農工系の大学で家禽（かきん）科学の学位を得たという。

ただしクリスティンは農家でも牧場主でもない。彼女はハーベストホーム動物サンクチュアリという非営利組織の運営者で、豚、鶏、七面鳥、ヤギ、アヒルを中心に、虐待された動物たちの救助と世話を行なっている。このようなファーム・サンクチュアリ〔畜産利用されていた動物たちの保護施設〕は少数の幸運な動物たちを生涯にわたって世話するとともに、社会を啓蒙し、ボランティア事業で人々を保護下の動物たちと触れ合わせることを通して動物擁護の仲間を育てている。

門の前でクリスティンは満面の笑みを浮かべながら私たちを迎え入れ、車は母屋の前にある土の広場に止めたらいいと言った。車道の左には藁が積まれた暗い納屋があり、数頭の豚の住民が柵のそばで尻尾を振りつつ、新しい訪問者の匂いを嗅ごうと鼻を鳴らしている。右手には開け放ちの小屋が見え、周囲に広がる草原にはヤギや鶏、それに二羽の無遠慮な七面鳥の姿があった。

筆者が出会った最初の住民は胸が大きなブロンズ種の七面鳥、ボーイフレンド・ベンだった（彼はいつでも訪問者を待ち構えている）。目の前で前後に歩きながら羽を広げ、俺は大きいだろうと訴える求愛ダンスを踊る。訪問のあいだじゅう、筆者の横でひたすらベンは踊り、筆者がそっぽを向いていても視界の中に入ろうとした。この行動は人の男がやたら筋肉を誇示したがるようなものかと思ったが、そういう対比ができるのかはわからない。

屋敷の裏庭では特別の介護を要するガチョウのレイに会った。目が見えなかったのに加え、エンジェル・ウイングといって、羽の末端関節が外に広がる、家禽には珍しくない奇形を患っていた（これはパンの過剰摂取のような悪い食生活に起因する）。エンジェル・ウイングの鳥は飛べなくなり、歩くのも困難になる。これは角材を横に持って運ぶとその両端が物にぶつかってバランスを崩すのに近いかと思うが、この対比も不完全には違いない。レイは好奇心旺盛で、そのさまは「鳥なみの頭脳」という侮蔑語に反し、むしろ「賢い鳥」といったほうがふさわしい。とりわけ彼女が気に入っているのは、子供用プールで水遊びをすることと、仲の良い人間に首をもたせかけることだった。

その他、いくらかの住民らと顔を合わせた後に、仕事が始まった。ハーベストホームは月一度のツアーを主催していて、参加者は周遊したりくつろいだりしながら一日を過ごせるが、それよりもボランティア業務をしてみたほうがよい。動物擁護者が英気を養いたければ、動物たちの回復過程に積極的な貢献を果たすのが一番である。新しくやってきた動物たちと、ここへ来て長い住民とでは、健康も行動も全く違うことがわかる。そうした体験は、かれらがどんな存在なのか、どんな境遇を生きてきたのかを、深く理解するきっかけになる。

　最後に掃除をした納屋で筆者はヘイデンという暴れ者の若い豚に会った。訪れる者があるといつでも真っ先に柵のところへ来るのが彼である。分類上はユカタン系ミニブタといい、成熟は早いが野生や食用の豚よりもはるかに小さく育つようつくられた品種にあたる。その特徴と、従順で人を信じる性格ゆえに、この豚たちは生物医学研究で好んで用いられる。いわば研究用として最も広く使われるビーグル犬の立場に近い。ヘイデンは毛が少なく人に似た皮膚を持つため皮膚試験に利用されていた。筆者はそれが具体的にどのような研究だったのかは知らないが、正直なところ、知る必要もなかった。彼の体を覆う火傷(やけど)と傷痕(きずあと)が全てを語っている。

　豚舎の掃除では古い藁をゴミ箱へ入れていった。二つのゴミ箱を持ち歩いていると、後ろからヘイデンが付いてくる。ゴミ箱の一つを置いてもう片方の中身を堆肥の山に放っていたら、ヘイデンは筆者が背を向けている隙に、置いたほうのゴミ箱に体当たりして中身をひっくり返した。お手伝いありがとうと言いたいところだったが、彼は筆者のためにしてくれたのではなかった。それから午後のあいだじゅう、彼はそのゴミ箱の藁をあさりながら、元気に尻尾を振ったり鼻を鳴らしたりしていた。何を探していたのかはいまだにわからない――鶏舎の掃除中に紛れ込んだ卵が目当てだったのかもしれないし、自力でゴミ箱を空にしたのが嬉しかったのかもしれない――が、何にせよ、筆者はこの問題児が好きなことをできるようにしてくれたクリスティンに心から感謝した。

種を代表するヘイデンのような動物たちをみれば、かれらが意味ある喜びや苦しみを経験できることがまざまざと伝わってくる。それを踏まえたうえで、かれらが味わう畜産場や屠殺場での残忍行為を思えば——加えて副次的な懸念事項である持続可能性や抗生物質耐性菌、屠殺場労働者の扱い等々をめぐる膨大な問題群を顧みれば——非動物性の食品システムを求める一大社会運動が現れたのも理解に苦しむことではない。[1] しかし今日の運動の推進力と発生時期を理解したければ、まずは動物に対する人間の思いやりの歴史を振り返る必要がある。

動物機械

一七世紀に、著名な哲学者のルネ・デカルトは、犬・猫・豚をはじめ、人間以外のあらゆる動物が快苦の感覚能力を全く持たないと書き記した。一部の史学者によれば、デカルトの見方はより含みがある——動物は機械的な感覚能力を持つが、その感覚に対する真の意識を欠くとされる——とのことだが、いずれにせよ、この近代西洋哲学の父は、生きた犬を木の板に釘付けにし、その身をバラバラに切り刻むという蛮行によってみずからの動物観を披瀝(ひれき)した。彼は哀れな犬の体内に魂の痕跡が見られなかったとして、この実験を自身の残酷な哲学の裏付けに用いた。[2]

動物に意識があるという主張は、現代人の多くにとっては常識だが、挑戦的な性格を持つ考えである。それは人間が世界で特別だと感じるための土台を揺るがす。人間が自然の階層の頂点に位置するという発想は、ギリシャの哲学者、プラトンとアリストテレスにさかのぼる。その思想によれば、世界には自然な一本線の秩序があり、人間はあらゆる動植物の上に気持ちよく座を占め、ただ天使その他、天界の存在のみを上に仰ぐ。[3] 仮にギリシャの哲学者がこのモデルを採らず、動物も私たち同様に大切だと認めていたら、多数の不愉快な大問題が発生したに違いない。動物が印刷機や携帯電話のような複雑な機械でしかないなら、人間もそういうことになるのか。動物の死は人間も死すべき存在であることの証明になるのか。そして、動物の生が単純な生命維持と繁殖に尽きるのなら、人間はそれ以上を望みうるのか。

このような存在に関わる難問が、哲学者の言辞にもまして、おぞましい動物虐待の支えとなった。古代ローマでは死刑もしくは娯楽の一環で人間がしばしば動物と格闘した。西暦八〇年にコロッセオが開場したときには、一〇〇日にわたる祝典で兎から象に至る計九〇〇〇もの動物たちが殺された。[4]

他の歴史的慣習はさらに嗜虐的かつバカバカしく思えるもので、柱につないだ熊を数頭の犬に襲わせる熊いじめや、生きた猫を篝火(かがりび)に放る猫焼きという見世物などがそれにあたるが、どちらも人間の歴史において評判の娯楽だった。[5]

これらの大衆的な動物虐待は現代社会からすれば非常識で、恐ろしくすら思えるだろう。今日、動物への思いやりは世界的に広がっている。二〇一五年には人気の署名サイト Change.org で動物の権利が最大の支持を得た。[6] 同年のギャラップ調査〔アメリカのギャラップ社が行なう世論調査〕では、アメリカ人の三二パーセントが「動物は危害と搾取から免れる人間と同等の権利を与えられるべきである」と考えていることが示された。残り六二パーセントは動物が「一定の保護」に値すると答え、「大した保護は必要ない」と答えた層は三パーセントに留まった。[7] 二〇一四年にはアメリカの全五〇州が動物虐待を重罪の対象とした。[8]

動物には何らの保護も必要ないとするデカルトの見方と比べれば隔世の感がある。

動物をめぐる態度の変化は食品の未来を推し量るうえで最大の重要性を持つ。今日の動物性食品は大半が露骨な虐待に満ちた工場式畜産場という産業施設に由来する。豚の多くは体の向きも変えられない小さな檻に閉じ込められる。[9] 魚の多くは水揚げの際に圧死や窒息死に見舞われる。[10] 雌鶏はほぼ毎日特大の卵を産むせいで種々の健康問題や慢性痛を抱えるうえ、事実上一生の全てを狭い檻の中で過ごす。[11]

それが世の習いだという人々もいる。いわく、社会は性・人種・国籍の違いを超えて人間の平等を認めるまでに発達したが、人ではない動物はあまりに異質なので十全な道徳的配慮の対象にはなりえない、と。この考え方は日常言語にも浸透していて、動物は無生物の物体と同じく「それ」と称され、「猫の皮を剝ぐ手も一つではなし」〔「やり方は色々」の意〕といった慣用句も何の気なしに使われる。

この懐疑論もわかるが、以下、本章ではさまざまな社会要因――中でも、動物は意識と感覚を持つ存在だという科学的認識――がもとになって、人間による動物の扱いと、動物は保護に値するという考えのあいだに、大きな危うい溝ができた次第を論じる。この断絶が最も鮮烈にみられるのが食品システムである。が、これからみるように道徳の輪の拡張は多くの業界で動物虐待をなくし、すでに工場式畜産場の閉ざされた扉を叩き始めている。

科学革命

科学革命は一五四三年、『天球の回転について』の出版から始まった。著者のニコラウス・コペルニクスは同書のなかで、地球ではなく太陽が天体軌道の中心であると論じた――地球を世界の中心と考える当時の宗教教義に真っ向から反する理論だった。[12]

コペルニクスは長年をかけて集めた天体データを使って地動説と天動説を比較し、前者のほうが証拠（エビデンス）に合致するとの結論に至った。太陽が惑星軌道の中心であるなら、夜空で年に数回、惑星が元来た道を引き返すように見える逆行現象も、単純な楕円軌道で説明できる。地球が中心なら、惑星軌道が小さな渦巻きを描く不思議な形をとり、はるかに怪しい理論となる。この推論は倹約といわれる科学的経験則の一例で、証拠やデータを同程度にうまく説明できる理論が複数対立しているときは、最も単純な説明を選ぶべきだという考え方である。コペルニクスと科学革命によって、倹約は近代の批判的思考の特徴となった。

この発見法はあらゆる分野の意思決定に使うことができ、読者もおそらく意識せずにこれを用いている。医療の世界には「蹄（ひづめ）の音を聞いたらシマウマではなく馬だと思え」という格言があり、患者の症状を平凡な診断で説明できるときには、あえて変わった診断をしないことが医師の原則とされる。

倹約は動物精神の理解にも容易に応用できる。動物たちは人間と同じような行動をとり、神経系まで人間と共通することが多くの証拠で示されてきた。これを最も単純に考えるなら、動物たちは人間と同じような意識を持つ、という説明に至る。動物が驚いて飛び上がるなら恐怖を感じていると考えられる。子犬が目の前で仰向けになって腹を掻いてほしそうにしていたら、掻かれるのが気持ちいいのだと考えられる。

カモのように歩くなら

自然選択説を有名にした『種の起源』の出版から一三年後、チャールズ・ダーウィンは『人間と動物の感情表現』を著わした。同書は人間を含む動物たちの情動行動における注目すべき共通性を扱う。ダーウィンは犬の笑みや人に似た愛情表現のほか、散歩へ行くときのようすに触れ、飼い主の自分がいつもの道を右に曲がるか左に曲がるかで犬が人間のようにせわしなくはしゃいだり落ち込んだりするさまを書き綴る。彼にとって、これは方向をもとに犬が行き先を感情的に理解していることの表れだった。[13]

科学者は長らく人間以外の動物に無縁と思われていた二つの精神機能、利他主義と共感の行動学的証拠すら発見した。たとえば象は傷を負ったときに互いを助け、麻酔の矢や尖（とが）った枝を引き抜くなどする。近くに不安がる仲間がいれば、肌に触れたり優しく声をかけたりして慰める。[14] 動物実験ではラットがおいしいチョコレートのかけらを差し置いて、水に溺れる仲間を助けようとした。[15]

一般に賢くないと思われがちな動物たちも優れた精神機能を示してきた。たとえば豚は鼻を鳴らして泥の中を転げ回るどころではないことが確かめられている。かれらは異なる事物をカテゴリーに分けて捉え、経験の長期記憶を保ち、仲間の身になって考えまでする。[16] ドイツの科学者チームは豚の群れに一頭ずつ名前を付け、整列させて名前を呼んだら餌場へ来るよう訓練することに成功した。[17]

多くの人々が人間にしかないと言うであろう複雑な感情、悲嘆を例に挙げてみよう。人間の場合、悲嘆はさまざまな表現をとるが、伝統的に五つの段階、否認と孤独・怒り・交渉・抑鬱・受容に分けられる。[18] 個々の人々はこのいくつかを経験することもあれば、どれも経験しないこともある。動物はどれかを経験するのか。

複雑な動物行動の多くと同じく、答えは、かれらなりの仕方で経験する、である。科学者らは象が優れた能力と明らかな知性を示すことから、その悲嘆行動に注目してきた。象たちは遺族に触れてその身を撫で、遺体の上に枝や草木を添える。死者の地は特別な場所となり、通りがかった象は年月を経た後も時おり数分にわたりそこに佇む。[19]

畜産利用される動物をみると、悲嘆は現代酪農業の付きものとなっている。神経科学者のオリバー・サックスは動物行動学者テンプル・グランディンとともに酪農場を訪れたことがあり、その体験をこう回想する。

> 訪れるとものすごい唸りが聞こえた。「あれは今朝、母牛から子牛が奪われたのでしょう」とグランディンは言ったが、果たしてその通りだった。一頭が柵の外をうろつき、子牛を探しながら唸っている。「幸せな牛じゃありませんね」とグランディン。「悲しく、不幸せで、うろた

えています。わが子に会いたくて唸り声を上げ、必死に探しています。しばらく忘れて、それからまた始まるのです。嘆きや悼みのようなもので、これについて書かれたものは多くありません。人々は動物の思考や感情を認めたくないのです」[20]。

確証がない以上、悲嘆その他の高度に複雑な精神機能が哺乳類だけ、さらには脊椎動物だけのものと考えるべきではない。たとえば道具の使用はかつて人間固有、あるいはせいぜい霊長類固有の特徴と考えられていたが、今では多くの動物によるそれが記録されている。話題になったユーチューブ動画では、タコがココナッツの殻を運んで海底を歩き、その中に自分が収まることで、何もない環境での簡単なシェルターへと変える。タコはこのほか、棲家の入り口に石を積んで捕食者を防ぐこともある[21]。

ダーウィン自身はミミズにまで意識を認め、少なくとも最も基本的な情感はあるだろうと語った。「急に光を浴びたミミズが（友人の言い方を借りれば）脱兎のごとく土に潜ったときは、まず反射的な行動だと思った」。ところがミミズは私たちの直感に反し、学習や適応行動など、人間に似た複雑な振る舞いを見せる。ミミズは私たちのような意識のスポットライトを具え、状況によって注意の向き先を変えるのではないか。かくして現代生物学の開祖は結論する。「このように、高位の動物による振る舞いと、ミミズのごとき低位の動物のそれを比較する試みは強引にも思われよう。なんとなればそれはミミズに注意力や一定の精神機能を認めることになるからである。しかしながらこの比較の妥当性を疑う理由は見当たらない」[22]。

従来こうした証拠は強く疑われ、仮に動物が複雑な知覚や行動をみせても、それが他の精神機能でなく意識にもとづくと確かめるすべはない、といわれてきた。これは哲学のなかで「他我の問題」と呼ばれ、有効な立場となっている。しかし道徳行動は確実性を必要としない。この場合、人間が意識を使って行なうことを動物が行なったら、似たような意識があるに違いない、と考えるのが最も単純な説明になる。この倹約は有名な言葉で言い換えられる――カモのように歩き、カモのように泳ぎ、カモのように鳴く鳥がいるなら、それはおそらくカモである。

科学的合意

過去数十年のあいだにこの思考は科学界で大きな影響力を得て、動物は何も感じない機械だというデカルト的な考えに打ち勝った。一九七〇年、科学者らはカナダのブリティッシュコロンビア沖合、およびアメリカのワシントン州沖合でシャチの追跡を始めた。背びれから背中にかけての写真が一枚あれば、傷や肌色その他の違いで個々のシャチを識別できるとわかり、史上初めてこの追跡が可能となった。結果、シャチの母系集団における豊かな社会生活が明らかとなったうえ、私たちの目が節穴だった証拠に、太平洋岸北西部には二種のシャチがいると判明した。[23]

この時代の研究者は、これらの結果をもとに、シャチは複雑な聴覚コミュニケーションと感情を併せ持つ社会的動物である、と当たり前の結論を出しただけで袋叩きにあった。シャチの地位を上げれば人間の精神機能は特別だという見方が脅(おびや)かされるように思えたからであるが、この人間中心思想は猟師や事業家など、陳列や娯楽を目的に動物を搾取する者たちに支持されている。

動物行動学者のドナルド・グリフィンは、コウモリの反響定位を発見した偉業で科学界の牽引者としての地位を築いたが、一九七六年に『動物の意識をめぐる問い』と題した本を出版すると、ただこの主題を扱ったというだけで四方からそっぽを向かれた。[24]今日の霊長類学者フランス・ドゥ・ヴァールによれば、動物の認知というのは「一九八〇年代半ばまで矛盾した言葉」であると考えられていた。[25]

一九九二年にもなお、生物心理学者のソーニャ・ヨルグは若い研究者へ向け、動物の認知は「ポストのない人には勧められない研究課題」だと警告している。[26]さらに一九九五年に入っても、著述家ジェフリー・マッソンは名著『ゾウがすすり泣くとき』のなかで「この問題をめぐっては常識的な見方と正式な科学見解に甚だしい開きがある」と述べ、庶民がみな動物の意識を認める一方で科学者はなお古い考えに囚われていることをほのめかした。[27]

ようやく主流の見方が変わったのは二一世紀のことだった。二〇一〇年に心理学者ハロルド・ハーツォグが記したところによると、科学者一五五人の調査では一五三人が動物は痛みの意識経験を有している可能性があると答えたという。[28]二〇一二年には多数の権威ある神経科学者らが、この問題に関し決定的声明を出すべく、ケンブリッジ意識宣言を発表した。いわく、「蓄積された証拠は、ヒトが意識を生む神経学的基体を持つ点で独特ではないことを示唆している」。[29]

現在はこの新しい科学的認知を追い風に、動物の意識の詳細に迫る研究が隆盛を迎え、面白い最新研究が毎年現れている。二〇一三年には『ニューヨーク・タイムズ』紙が心理学者グレゴリー・

バーンズの研究紹介記事「犬も市民」を掲載した。バーンズは犬たちを訓練して機能的MRI装置に入らせ、脳内を観察した。すると案の定、人間に酷似した活動パターンがみられた。この研究は初歩にすぎないものの、バーンズは犬の人格性が「否定できない結論」だと語る。

この目を引く近年の展開から見て取れるように、科学界は暗黒の過去から、すなわち科学的懐疑主義を装って人間の優位性を必死に打ち立てていた時代から抜け出した。もはや動物の意識を示す証拠に対し、「なるほどこれらの行動は意識的なそれに合致しますが、実際にそうなのかを真に知るすべはないのですから、この動物らが意識を持つと語るのは擬人的で不適切です」と頭ごなしに否定する態度は、一般的でないどころか適切ともいえない。過去にこういったデカルト的立場をとっていた科学者らは、心を入れ替えるか脇役になるかの道をたどっている（こういうとかれらはいささか戸惑うのではないかと思うが、ここでもまた、かれらの行動が戸惑いの感情に合致したところで、私たちが真にそれを知るすべはあるまい）。

大衆科学

新しい科学的合意は二〇一三年のドキュメンタリー映画『ブラックフィッシュ』の成功に寄与し、同作は動物テーマパーク、シーワールドに大損害をもたらした。映画が光を当てたのはシーワールドのシャチ、ティリクムだった。ティリクムは一九八三年にアイスランドの近くで捕獲され、カナダの水族館へ移送された。この若い雄は年上の雌二頭と窮屈な水槽に閉じ込められた結果、雌から激しい攻撃を受けることとなった。調教師は一時的にティリクムを治療用の水槽へ移すが、これはただでさえ小さな群飼用の水槽よりもなお狭かった。シャチは高度な社会性を持つ動物で、自然界なら一日に最大一六〇キロメートルを移動する。そこでティリクムはやがて元の囲いへ戻されたものの、それが彼の精神衛生に良いはずはなかった。[30]

一九九一年のある日、ティリクムが二頭の雌の支配下で過ごしていると、調教師が足を滑らせ水槽に落ちてきた。三頭のシャチは彼女を水中に引きずり込み、居合わせた者が投げた救命浮き輪から遠ざけて溺死させた。七年後、ティリクムはフロリダ州オーランドのシーワールドに移されていたが、閉館後に残った職員が何かの理由でティリクムの水槽に入り、翌朝、死体となって発見された。最後に二〇一〇年、ティリクムは別の調教師を摑んで水中に沈め、溺水と鈍器損傷による死へと至らせた。[31]

『ブラックフィッシュ』は二〇一三年のサンダンス映画祭で封切りされ、動物行動学者やシーワールドの元職員による証言も交えつつ、ティリクムの悲劇がシャチの幽閉という大きな問題の一例にすぎないことを主張した。シーワールドは全力で反論し、ウェブサイトに新しいコーナーを設けて映画に応え、それに続く巻き返しで大衆の注目と関心を煽り立てた。[32]

『ブラックフィッシュ』の影響力は初演時にはわからなかったが、論争が起こり、後にCNNがこれを放送すると、全米で怒号が上がり、今日までそれが続くこととなった。シーワールドの純利益は二〇一四年第二四半期から翌年第二四半期のあいだに八四パーセントの下落をみせた。[33]抗議の多くが鯨類の豊かな精神生活を問題にしていたことからすると、『ブラックフィッシュ』の成功は長年にわたる研究、ならびに動物を道徳的に重要な存在と位置づけるための擁護運動が行き着いた、一つの到達点と考えられる。二〇一七年一月にティリクムが感染性の肺炎で息を引き取ると、再びシーワールドと海洋動物の幽閉に対する怒りが巻き起こった。

科学的合意は「人ならぬ動物の権利プロジェクト」（NhRP／Nonhuman Rights Project）の取り組みにも寄与している。この組織は動物を法人格と認めさせる活動に携わるが、そうなれば少なくとも一部の動物は、権利を侵害されたときに原告として法廷に立つ資格を得ることとなる（無論、訴訟は動物擁護者の人間が代理して行なう）。NhRPの訴訟は「遺伝子・知能・感情・社会生活の面から動物たちの自己意識と自律性を証明する秀逸な科学的発見にもとづき」行なわれる。[34]

NhRPの訴訟が新たな地平を切り拓いたのは二〇一五年四月二〇日、ニューヨーク州の判事が、医学研究施設に囚われたチンパンジー、ハーキュリーズとレオの人身保護令状と、理由提示命令を発したときのことである。これにより、動物所有者のニューヨーク州立大学ストーニーブルック校は、チンパンジーの拘束に関し法的弁明を求められた。最終的に判事は訴えを取り下げるが、それは言い分が認められないからではなく、前代未聞の法的諸問題が発生しうることを考えると、法廷はハーキュリーズとレオに有利な判決を下せないと思われるからだった。訴えは棄却されたものの、大学は今後ハーキュリーズとレオを科学研究に用いないと言明し、NhRPはこのチンパンジーらを適切なサンクチュアリに移すための交渉に入った。[35]

社会要因

科学的見解は世論と影響し合うが、動物に対する思いやりの高まりは他の社会要因にもよる。ここでは特に興味深い例をいくつか挙げたい。これらは将来、どのような形で道徳の輪が広がるか、とりわけ食用で飼われる動物たちがどうその輪に加わるかを推し量る手掛かりとなる。

◉都市化とペット所有

過去数世紀のあいだに人々は集団で農地と地方を後にし、都市の仕事、市街地の暮らしへと移った。この移動は伝統的な社会構造の解体を伴い、親戚との盛んな交流や緊密な共同体は、小さな家庭や孤立した社会生活に座を譲った。これらの要因に比例してペットを飼う人々が増えている。暮らしが豊かになり、車が馬に取って代わると、都市の住民は財力を見せつける目的で、あるいは労働用動物・親戚・親友が欠けた都市生活の感情的空白を埋める目的で、ペットを所有するようになった。

この傾向は二〇世紀に入っても続く。一九六七年から八八年のあいだに、アメリカでは人口に対する犬猫の割合が二二パーセントから五〇パーセント近くへと上昇した。[36]

私たちが動物を単なる働き手や有用な道具としてではなく、個として見つめれば、かれらは立派な伴侶になる。そしてこの個性の認識が、道徳の輪を広げる鍵をなす。過去半世紀の調査によれば、地方民は動物を伴侶ではなく労働力として所有することが多いせいか、動物への愛情や動物虐待への問題意識が比較的稀薄であるという。地方のペット所有者はどちらかといえば動物の「実用的・物質的価値」に重きを置く。[37]また二〇〇一年の研究では、幼少期にペットを深く愛した人々ほど、おそらくは動物への共感を強める結果、動物性食品の忌避やベジタリアニズムに至る傾向が強いと判明した。[38]

◉グローバル化と女権拡張

動物への思いやりは人間への思いやりの延長という部分もあると考えられる。人間による人間への暴力を拒否する社会は、人間による動物への暴力も似たものとして拒否するだろう。グローバル化しゆく私たちの社会は時間をかけつつ、思いやりの輪を家族から隣人へ、そして他の村へ、さらに他の文化圏や社会へと広げてきた。

心理学者のスティーブン・ピンカーは、著書『人間本性の善き天使たち』(邦題は『暴力の人類史』)で、人間による人間への暴力が歴史を下るにつれ全体として減少しつつあることを説得力ある形で示してみせた。ピンカーはこの傾向を複数の点から説明する。多くは相互利益に関するもので、たとえば長年のあいだに国際貿易が増えて戦争に伴う代償が膨れ上がったなど、動物への暴力にはさほど当てはまりそうにない説明であるが、二つの点は至極妥当に思われる。一つは世界市民主義ないしグローバル化で、世界の結び付きが増え、文化やものの見方が混ざり合ったこと、もう一つは女権拡張で、一般に男性よりも暴力性が薄い女性たちの力が強まったことである。これらの要因は畜産場・屠殺場にいるような、心理的に縁遠い動物たちのことを考える際にとりわけ重要となるように思える。社会がグローバル化するなか、私たちはソーシャルメディア、ニュース、旅行、その他の機会を通し、全く異質な人々とつながる。このつながりと、女権拡張に伴う思いやりの発達によって、私たちの道徳の輪は全体的にかつてなく広がろうとしている。

ピンカーがいうように、動物への思いやりが増していることは、暴力が将来にわたり減少傾向をたどるだろうとの楽観論に、とりわけ強力な根拠を与える。動物たちは抑圧者に対し独自の政治行動を起こせなかった。声を持たないのではない。が、助けを求めるその叫びは容易に無視されうる。加えてかれらは私たちの政治システムにおいて徒党を組み、抗議を起こす能力を持たない。ゆえに動物たちの運命は人類の倫理的選択に懸かっている。

◉宗教の趨勢

世界は信仰心を失いつつあると論じる研究者もいるが、主要な世界宗教は数千年にわたり人々の道徳性に大きな影響をおよぼしてきた。[39] 一八八八年にモハンダス・ガンディーは母国インドを発っ(た)てロンドンの法学院に入学した。滞在中の彼はヒンズー教の信仰にしたがいベジタリアン食で過ごしていたが、地元のベジタリアン料理店を訪れた際、ヘンリー・ソルトの著書『ベジタリアニズムを求める嘆願』を手にする。これに啓発されたガンディーはロンドン・ベジタリアン協会に加盟し、一八九一年、実行委員に選ばれる。彼はこの年に法学院を卒業し、インドへ戻って南アフリカへ渡るが、ロンドンを去った後もベジタリアニズムを支持し、動物虐待に強く反対し続けた。公民権とインド独立を求める活動家としてガンディーの名が世界に知られだすなか、ベジタリアニズムは西洋社会で信頼を獲得し、非暴力や倫理的生活と強く関連付けられた。

西洋文明圏で動物への思いやりが高まるうえでは、宗教要因も大きな役割を果たしてきたと考えられる。ガンディーはそれを象徴する一人物にすぎない。ヒンズー教以上にベジタリアニズムと親和性があるのはジャイナ教で、こちらは瞠目すべき広範な非暴力のアプローチを用いる。信徒は動物を食べないのに加え、根元が発達する人参や玉ねぎのような植物も避ける。こうした植物は収穫すれば命を失うからである――かたや、トウモロコシのような地上の植物は収穫しても生き続けられる。

仏教の五戒の第一は、「殺生を避ける修行に励むこと」を命じる。文字通りにとれば、これは信仰者にベジタリアニズムを義務付けるものと解釈できるだろう――動物性食品の購入と摂取は動物殺しを伴うからである（もっとも、殺しは通常、他人の手を介して行なわれる）。実際には、仏教のベジタリアニズムは土地や流派によって異なるものの、総じて仏教徒が他の人々よりも広くこの食生活を実践しているのは確かである。[40]

西洋社会がこれらの宗教への関心を強めていることは、ヨガや東洋武術の流行からも窺い知れるが、これも非暴力思想の浸透につながりうる。かのビートルズすら変化を迫られた。一九六八年にインドを訪れた四人のメンバーらは、瞑想を学ぶべく高名なヨガ行者に師事し、この行者はバンドの精神的アドバイザーとなる。[41] 四人は各々やがてベジタリアンになった。[42]

特定の宗教の人気を離れたところでは、逆に宗教からの脱却運動やそれに類するものがベジタリアニズムの普及に寄与しうる。宗教では動物が感情や精神ほか、単一の力の象徴とみられ、これがある動物を偶像化し、ある動物を悪魔化し、時には同じ動物をどちらにもする見方を育ててきた。アメリカ先住民の物語は筆者の生い立ちで大切な要素をなすが、そこでは狼が賢くやさしい誠実な動物として、いたずら好きなコヨーテと兄弟の関係にある。誠実で仲間思いな狼は子供が見習うべき模範とされ、この決められた型を破る狼やコヨーテの話は一つとして存在しない。しかしキリスト教の聖書では狼が時に貪欲や破壊の権化として、高貴な羊飼いとその群れに敵対する。[43]

こうした一面的な動物観を抜け出せば、動物たちの個性をよりよく顧みることが可能となる。かれらを感情その他、形なき概念の象徴として固定的に捉えるかぎりそうはいかない。間違いなく、一部の宗教は動物たちをあからさまに貶めてさえいる。聖書の有名な一節は述べる。「そして神は言われた。われらの形、われらの似姿に人を創り、海の魚、空の鳥、牛、全地、そして地を這う諸物への支配権を与えよう[44]」。

この「支配権」という言葉が、動物を好き放題に扱ってよい理由としてしばしば引き合いに出される。かれらは人類よりも下の存在だから、というわけである。もっとも、今日ではキリスト教徒の多くが、右の一節は人類の優越性よりも世話役としての任務や責任を説いたものだと解釈している。[45]聖書にはほかに、神が動物の生贄を求めていると示唆するくだりもあるが、公平を期せば、別の箇所は神が生贄を望まないとも示唆している。[46]

似たような対立は他の宗教にもみられる。おそらく一驚に値するヒンズー教の行事として、五年に一度、ネパールの寺院に信者らが集い、何十万匹もの動物を鉈(なた)やその他の凶器で滅多切りにするという残忍な生贄祭がある。この時代錯誤的な暴力に終わりの兆しがみえたのはようやく二〇一五年になってからのことだった。強い国際的圧力を受けて参加者らは無期限に行事を中止した。生贄が再開されるかはまだわからない。[47]

信仰心の変化によるのか衰退によるのかはさておき、人々は徐々に、動物が私たちと同じ血肉を持った複雑な生命であって、私たちの観念形態にしたがった単なる象徴や道具ではない、という認識へ向かいつつある。

前進

考え方が進歩しているとはいっても、道徳の輪が広がっていくことに関しあまりに楽観視するのは禁物である。私たちは過去の世代とさして変わらないうえ、過去の人々が現状を見れば、私たちが進歩と考えるものに反対し、道徳の輪はむしろ大事な点で狭まっていると危惧するかもしれない（たとえば祖先らが価値を置いていた物事や、神が求める道徳、さらには過去の文化に関わる自然環境までが顧みられなくなっているなど）。また、道徳の輪は態度の面から捉えられがちだが、これを行動の面から捉え直すと、工場式畜産の登場は道徳の深刻な後退を物語る現象と映る。

悲観論を支えるこれらの理由をもって、道徳の輪が狭まっているとまで総評することはできないにせよ、ここからすると反動はありえようし、輪の広がりが情感ある存在の全てにおよばずして停滞を迎える事態はなお考えやすい。前進を続けるためには活動熱心な社会改良家がいなくてはならない。動物に対する私たちの仕打ちはこの道徳的進歩に矛盾しており、これをそのままにしておくことは難しくなりつつある。私たちはラットを心理学実験にかけて感情の神経基盤を理解しようと努めながら、ラットは感情を持たないのでこうした実験は倫理的だと自分に言い聞かせる。動物を使って鎮痛剤の試験をしながら、動物は人間のように苦しまないと考えることで実験を正当化したがる。犬は人間のように優れた世界認識を持たないと考えながら、自分たちの視力が失われたらいまだに盲導犬を利用する。

道徳拡張の将来とそれに関連するリスクについては終章でさらに掘り下げたいが、現時点で確かなのは、道徳の輪が急速に動物集団を覆いつつあることで、次章以降に示す通り、その射程は見る間に畜産業の門前まで迫った。

第2章　檻を空に

アメリカ国内で畜産に利用される動物の推定九九パーセントを収容する工場式畜産場は、閉じ込められた動物たちが外へ逃れられないのと同様、一般人が外から覗き見るのも難しい。[1] 畜産業をめぐる議論に関わり始めた筆者は、自分の目でこうした施設の内部を見る必要があると感じていた。ついにその機会が訪れたのは、カリフォルニア州に拠点を置く農用動物サンクチュアリの救助チームに同行したときのことだった。このサンクチュアリは数人の農家を説得して廃鶏の一部を救助することに成功した。「廃鶏(はいけい)」という業界用語は、生殖機能が酷使されて儲けを生まなくなった雌鶏を指すのに使われる言葉で、この状態になったら雌鶏は殺される。この鶏たちは肉用ではなく卵用の品種なので屠殺場に送れない。農家は自費で殺害と廃棄を行なわなくてはならないので、救助を申し出る者に鶏を譲渡すれば経費を節約できる。

救助は二〇一六年初頭、向かう先はカリフォルニア州セントラルバレーのバタリーケージ鶏舎だった。バタリーケージは細い金網の檻で、一般にとてつもなく小さいため、中の鳥は羽を広げることもできない。バタリーケージという呼称は、電池（バッテリー）のように同じ形の塊が端から端まで列をなすことに由来する。[2]

二〇〇八年にカリフォルニア州民は住民投票条例案2を通過させ、カリフォルニア州安全衛生法に次の項目を加えた。

他の適用条項に加え、事業者は以下の動物行動を妨げる形で農場の対象動物を終日もしくは一日の大半にわたり繋留（けいりゅう）・拘束してはならない。

（a）起伏、羽や四肢の満足な伸長。

（b）自由な方向転換。

この条例案には八〇〇万人を超えるカリフォルニア州民が賛同し、その賛成率は州の住民投票の歴史で最多となった。[3] 多くの人々がこれで州内の卵用鶏に対する虐待を終わらせられると考えた。が、条例案は圧倒的な支持を得たにもかかわらず、改革には時間がかかりそうで、かの恐ろしい檻は今でも普通に使われている。筆者が訪れた養鶏場は、新しい法律に合わせるため、ただ檻と檻を隔てる仕切りを取り除いただけだった。これで一羽あたりが有する空間は広がるが、同時に空間を共有する鳥の数も増える。近年の調査ではこれしきの改善すらしない養鶏場も複数見つかっており、二〇一七年時点で推定一二〇〇万羽もの卵用鶏が飼われているこの州において、右の法律が執行された記録は一度しかない。[4]

筆者らは日の出前に養鶏場へ入った。この時間なら鳥たちが眠たげで不安がらず、扱いやすい。一行の車は「立入禁止」「バイオハザード」の警告標識がかかった金属ゲートをくぐり、プラスチックネットの遮蔽と金属の屋根に覆われたいくつもの鶏舎を通りすぎた。鶏舎の外にいても、アンモニア臭は一行の口と喉を焼いた。移送用ケージを降ろし、使い捨てのつなぎ服を着てブーツを消毒した私たちは、指定の鶏舎へ向かった。入口からはおよそ一五〇フィート〔約四六メートル〕ほどの檻の列が一〇以上も見渡せた。檻は二段に積まれ、目線のすぐ上とすぐ下に位置する。そのさらに下には鶏の糞が高さ六インチ〔約一五センチメートル〕、幅一フィート〔約三〇センチメートル〕ほどの層をなしている。初めはここに立つだけでも厳しく思えたが、新入りのボランティアは経験豊かなメンバーから、これは表面こそ乾いていても中は腐敗して水気を含んでいるから注意するように、と再三にわたり言い聞かされていた。筆者らが入ったときにはすでに鶏たちが空腹で騒いでいた――業者は私たちの到着前に餌を与える、などということには一銭の金も投じていなかった――が、照明がついて私たちが入ってきたことで鶏たちのストレスはさらに高まった。

救いの手がなければ廃鶏は残酷な運命をたどる。一般的には養鶏場職員が大きなカートを押して各列を回り、手当たり次第に雌鶏を摑み、檻の小さな扉から引きずり出す。雌鶏たちの肢や羽は折れ、肌は引き裂かれる。摑まれた鶏はそれから暗い窮屈な容器に放り込まれ、容器が一杯になったら中のわずかな空気が二酸化炭素に入れ換えられる。負傷と混乱と恐怖に見舞われた雌鶏たちは、ぎゅうぎゅう詰めのまま徐々に酸欠で死んでいく。彼女らが殺されるのは生後一年半から二年が普通で、これは最も近い祖先であるセキショクヤケイの寿命に比べ、ひどく短い。さいわい筆者らは救助のために鶏舎を訪れたが、この一施設でこの日に殺害・廃棄される何千羽もの鳥のうち、救えたのはたった数羽にすぎない。

雌鶏たちを安全に檻から移送用ケージへ移すため、私たちはチームで行動した。数名は檻に手を入れて鳥を外へ出す――鳥が羽ばたいて骨折しないよう、羽を押さえ、一度に一羽ずつ、注意深く出すが、腕は狭い扉の角に当たってあざをつくる。かたや他のメンバーは移送用ケージの開け閉めを行なう。雌鶏たちは必死に私たちから逃れようと檻の隅に集まり、手をかわそうとした。手をつついてくる鳥もいれば、掴まれて恐怖の叫びをあげる鳥もいて、多くはストレスから口を開けて激しく息をしていた。多数の雌鶏にみられる負傷は、混み合う檻で喧嘩をしたり折り重なったりすることや、体が絶えず金網に接することで生じる。目を失った鳥、金網の切れ端で負った傷が膿(う)んでいる鳥もいた。

各檻でどの鳥が上位にいて、どの鳥がつつかれるかは見ればわかる。痩せているのはみな同じだが、いじめられてきた鳥は衰弱がひどい。興奮した仲間につつかれて羽の多くは抜け落ちている。不安から自身の羽をむしった鳥もいる。死んだ鳥も沢山いて、一部は金網に嵌まったまま力尽き、肢や首をだらりと落として腐乱し始めていた。

救助チームのメンバーは各々の仕方で気持ちを整えた。何名かは手を震わせながらも雌鶏を励まし、すぐにこの地獄から自由になれる、と約束していた。何名かは静かに涙を流しつつ、優しさを込めて真剣に作業を進めた。メンバーのミスに怒って注意する者もいた。

筆者は注視と観察に徹し、この体験からできるだけ多くのことを、とりわけ雌鶏たち自身の視点を学ぼうとした。細かいところまでよく見ておくことが、将来この体験をうまく人に伝えるうえで役に立つとわかっていたからである。この物語は記憶しなければならない——生きてここを逃れ、サンクチュアリで幸せに暮らせることになった鶏たちだけでなく、養鶏場に残された仲間たち、亡骸たちの物語もある。この痛ましい体験を通し、工場式畜産の恐怖は筆者にとって、顔を伴うもの、それもかの鶏舎でみた七〇〇〇以上もの顔を伴うものとなった。

今日に至るまでの道のり

私たちが工場式畜産と呼ぶ産業システムは二〇世紀初頭、地方の農家らが都市へ移り住んでいく人々に充分な食料を供給しようと苦戦しだした頃に形づくられた。アメリカでは一九一〇年、価格高騰と食料不足をきっかけに肉の不買運動が全国に広がった。[5*] 一九一四年に第一次世界大戦が始まると、政府が軍への食料供給に力を注いだことから、小規模農家に重圧が加わった。一九世紀の食料システムで二〇世紀の国を養おうとした結果、抗議や暴動が起こり、食料増産は国家の優先課題となる。農家と役人はすぐに畜産業界の規模と効率性を高める手立てを模索し始めた。[6]

＊ 当時の食肉産業は寡占業者が自由に商品価格を設定できる状態にあり、肉類には法外な値段が付けられていた。そのため、食料不足が起こると消費者は食肉業者への抗議として不買運動に踏み切った。前例として一九〇二年の食肉不買運動がある。

最初の工場式畜産場はデラウェア州につくられた「ウィルマー・スティール夫人のブロイラーハ

ウス」だったと思われる。セシル・スティールは肉に特化した鶏の育種をいち早く行なった農家の一人で、ここから始まった遺伝的分業の結果、今日では一部の鶏が高頻度で卵を産む一方、他の鶏は大きな胸肉を蓄え、自分の重みでしばしばへたり込む体となった。[7] 一九二三年にスティールが所有していた最初の群れは五〇〇羽だったが、大きな需要と効率的な育種、最適化された飼育環境を後ろ盾に、その飼養数は一九二六年に一万羽へと膨れ上がった。[8]

それから一世紀のあいだに、容赦ない効率性追求に応えて、垂直統合*した大規模な生産者が業界を支配した。アメリカの全人口に占める農業従事者の割合は、一九四〇年に一七パーセントだったのが二〇一六年には一・五パーセントへと減少した。[9] 動物の飼料に抗生物質を混ぜるといった科学的手法が発達したおかげで、生産者は始末に負えない病気感染の増加を防ぎつつ、動物たちをより小さな空間に閉じ込められるようになった。

＊ 生産・加工・流通など、サプライ・チェーンの全段階を一社が管轄する経営モデル。

こうした業界の変遷が先にみてきたような動物たちの苦しみに大きく関わっている。畜産は情感ある生命を乳液や卵の生産機械として、あるいは食肉の原材料として扱う。業界誌の『養豚マネジメント』は一九七三年、読者にこう助言した――「豚が動物ということは忘れましょう。工場の機械と同じように扱いましょう」[10]。

農業政策は畜産業、特に工場式のそれを優遇するほうへ大きく傾いている。動物擁護活動家のポール・シャピロは『ナショナル・レビュー』誌の論説でそれを語った。いわく、工場式畜産場は「過剰生産をした際に経済支援を受けられ、事業のなかで最も費用のかかる飼料作物に補助金が与えられ、商品の販売に連邦政府の資金が投じられ、一銭の出費もなしに無料の研究開発の恩恵にまで浴せる」[11]。

ニュースサイト「クオーツ」は「アメリカ人の食欲を摑む合衆国食肉産業の四〇年にわたる快進撃」を論じたが、その過程でこの業界はアメリカの食事ガイドラインにも多大な影響をおよぼしてきた。二〇一五年にガイドラインの科学顧問委員会は、人々の健康と持続可能性のために菜食への転換を推奨したが、保健福祉省と農務省――ともに食肉業界の強い影響下にあると専門家が指摘する政府機関――はこの勧めを聞かず、刊行されたガイドラインでは結局、肉・乳・卵の消費削減に関する議論が全て省かれた。

政策に対するこのような影響力の行使はアメリカ工業型農業の誕生と時を同じくして始まった。一八九五年に業務用殺菌装置が開発されて以来、公衆衛生の推進者らは三〇年にわたり、乳業での装置使用を義務化するよう地方政府に要望してきた。一部の地方政府はこの変更に及び腰だったが、大手生産者が規制の採用に向け強い圧力をかけた。競争相手の小規模業者はすぐに装置を購入して維持管理できるだけの資金をもたない〔ゆえに規制を敷くことでつぶせる〕、と踏んでのことだった。[12]
この業界圧力は銃ロビーのそれに近い。アメリカ人の九四パーセントは銃購入者の身元確認を義務化することに賛成し、八六パーセントは国のテロリスト監視一覧に登録された人物からの銃購入を禁止することに賛成しているが、にもかかわらず、これら論争の余地がない政策を敷く試みは頓挫してきた。[13] 専門家の見方では、銃産業の力は二〇〇〇年代初頭に銃規制を防いだ先制措置に負うところが大きい。これは強硬な規制がタバコ産業に損害をもたらしたことから業界が得た知恵だった。[14] 銃産業への反対運動とタバコ産業へのそれとで成果に差が生じたことは、影響重視の活動家にとって大きな事例研究となる。

こうした先制措置は、今日の畜産業界が通過させようとしている一連の反規制法に似ている。ふだんの法律は「農業権」法という詐欺的な総称を持ち、文言は各々の法案によって異なるが、近年のそれは広い包括的な業界保護によって将来の規制を防ごうとするものである。たとえばミズーリ州は二〇一四年に、これを五〇・一パーセントという際どい賛成票で州憲法に加えた。

小規模農家から環境・動物活動家までをも含む批判者らは、この強すぎる法律が工場式畜産場による地下水汚染の防止をはじめ、有益な重要規制を阻むものであると指摘する。[15]「農業権」という言葉は工場式畜産業者の保護を問題とするが、人々は団結して同法を「侵害権」法と呼び、争点を事業の有害作用に移そうとしている。しかし現時点では「農業権」というほうが一般的である。言葉は強力な道具になるが、世の議論は活動家の理想通りには進まない。

もう一つの例として、以下の空欄を埋めてみよう。

「牛肉、これが□」

「すごい、おいしい□」

「豚肉、もう一つの□」

それにもちろん
「□飲んだ？」


子供の頃に聞いたこれらのキャッチコピーを覚えていて、順に「今日のディナー」「玉子」「白身肉」「牛乳」と答えられたら、それは巨額を投じた政府監修の宣伝作戦が読者の記憶にフレーズを刷り込もうとしてきた成果にほかならない。こうしたキャンペーンを行なうのは各産業の会社から資金を受けた研究・販促組織で、アメリカ鶏卵委員会（ＡＥＢ）などがそれにあたる。

こうした「資金拠出制度」の背景にあるのは、ある種の商品はほぼ均質で、たとえば一ガロンの牛乳（もしくは牛肉、マッシュルーム、蜂蜜でもよいが）を他から区別するのは難しい、という考え方である。よって個々の会社が商品を差別化して宣伝するのも難しいため、業界は政府と提携し、全関連企業に代わって宣伝を担う機関に各社が資金を拠出する、という仕組みを設けた。一例を挙げれば、目下、七万五〇〇〇羽以上の雌鶏を囲う鶏卵生産者は三〇ダースの卵ケース一つにつき一〇セントをＡＥＢに拠出することになっている。[16] こうした制度はその恩恵に浴さない生産者も法律によって参加を求められるもので、政府がこれを支える結果、業界（おもに畜産業界）はアメリカ市場で大きな力を行使できる。次章ではこれらの組織がしばしば度を越して違法行為に訴え、アメリカ人の食卓におよぶ業界の力をさらに強める実態に迫りたい。

空前の衝撃

二〇一六年秋、全国から数十人の動物擁護活動家がマサチューセッツ州に集い、州内の活動家数百人と合流して、一一月の投票へ向けた「法案3に賛成」というキャンペーンに加わった。筆者は住民投票前の数日間、これに参加することができた。一行は家々を回って法案の話をしたが、それはカリフォルニア州の条例案2と同じく、畜産における最悪の監禁を廃する内容だった。ほとんどの会話は手短に済み、住民らはすでに投票したと言うか、もちろん賛成に入れると言うかだった。実際、法案は最終的に七七・七パーセントという圧倒的な賛成票を得た。[17] 面白いことに、筆者がこのキャンペーンで話しかけた人々は異口同音に、畜産場の潜入調査で得られた映像記録を見て動揺し、問題に思ったと語った。

これは菜食の推進者にも農用動物福祉の推進者にも身に覚えがある経験で、ベジタリアン食のチラシを配るときにもジャーナリストと話すときにも同じようなことが起こる。人々がこの問題に関心を持つのはほとんどが畜産場の動画記録を介してのことであり、熱意と献身ぶりが際立つ運動参加者らはなおさら、環境面や健康面の懸念といった情報ではなく、調査記録を通して知られる動物たちの苦しみに突き動かされている傾向が強い。運動を最も勢いづけた戦略を一つだけ選ぶとしたら、それは潜入調査に違いなく、これこそが「工場の機械」式に動物を扱う現代畜産の実態を白日の下にさらしてきた。

畜産場の潜入調査が実質的に始まったのは一九九〇年代初頭で、これは八〇年代に行なわれた動物実験施設の調査に次ぐものだった。無論、それ以前の告発もあり、例として一九〇〇年代の初めに小説『ジャングル』の刊行へと結実したアプトン・シンクレアの仕事もある。現代初となる調査はおそらく、先駆的な動物の権利団体「動物の倫理的扱いを求める人々の会」（PETA／People for the Ethical Treatment of Animals）が、テキサス州の馬輸出業者に行なった一九八三年のそれで、少し前の一九八一年にも同団体はメリーランド州シルバースプリングの動物実験施設に対し有名な調査を敢行している。一九九一年にも食品産業の調査が続き、そこでPETAは牛の屠殺場、豚の屠殺場、鶏の孵卵場を調べた。[18]

現代的な畜産場の調査は一九九二年のそれが初で、暴露されたのはフォアグラ（アヒルやガチョウの脂肪肝）を生産するニューヨーク州の農場、コモンウェルス・エンタープライズの虐待行為だった。主たる発見は、アヒルたちが会社の言い分に反して強制給餌を受けていたことである。一日三度、職員は約五百羽の鳥の喉に、長い金属の管を差し込む〔餌を押し込むため〕。管は鳥に激痛を与え、食道の負傷や肺炎といった健康問題を引き起こしていた。この調査がきっかけとなり、警察は全米史上初めて畜産場の強制捜査に踏み切ったが、活動家の報告によると、フォアグラ業界は地方検事に圧力をかけ、この件を不起訴としおおせた。当時も今も、連邦法は畜産利用される動物を標準的な動物保護の枠から除外している。[19]

これらの調査は一九九〇年代後半から主流メディアの注目を集め始めた。一九九八年にPETA

が行なった豚の繁殖農場の調査は、畜産利用される動物への虐待を理由とする史上初の重罪起訴へと至った。調査で「明らかになったおぞましい組織的虐待は、レンチや鉄柱で妊娠中の豚を殴る日常行為から、生きた豚の皮を剝ぐ行為、意識ある豚の脚を切断する行為にまで至る」[20]。

PETAは一九九九年から二〇〇〇年にかけ、マクドナルドを標的にマクルエルティ・キャンペーンを行ない、畜産利用される動物の苦痛軽減へ向けた本格的努力を企業に促す快挙を成し遂げたが、マクドナルドが福祉増進の継続を怠ったので、キャンペーンを再開した。[21]

PETAは動物の権利運動を大きく前進させたが、効果重視の動物擁護者は、同団体が人々の反感を買うキャンペーンによって運動に著しい害ももたらしたと憂慮する。かれらが問題視するのは、裸の女性を使う、奴隷制やホロコーストのような人間への蛮行と動物虐待の類似性をあまりに単純な形で示す、肥満のアメリカ人を侮辱する、滑稽な動物の着ぐるみをまとうなど[22]、人々に動物保護は軽く他愛なく視野の狭い社会運動だと思わせかねないキャンペーンである。PETAの見解では、このような奇をてらう作戦は団体やその主張をより多くの報道に載せるのに役立ち、悪影響を補って余りあるとのことだが、他の動物擁護者は同意しない。かれらはPETAとの関係が話題になったとき、主張を聞き手に真剣に受け取ってもらうためにしばしば苦労を強いられ、自分がこの団体とは関係ないということを頑張って相手にわからせなければならないと感じている。[23]

PETAは注目集めに躍起となるあまり、動物保護を社会運動のなかで孤立させ、大衆やメディアを動物問題の軽視へ向かわせたばかりでなく、動物擁護者らによる研究や科学的根拠の使用にも非難を加えたことがある（これはおそらく、そうしたものを重視する風潮から、人々の支援が他の動物団体、特に畜産利用される動物の問題に取り組む他の非営利団体に流れたからだと考えられる）。[24]＊実のところ、筆者は何を措いても注目を集めようとするPETAその他の貪欲さが、畜産利用される動物の擁護運動にみられる最大の誤りの一つであると言いたい。本章の末節ではもう一つの問題を論じるが、こちらははるかに広くみられ、同じ程度に有害と考えられる。ただし、これらは全て戦略的な誤りにすぎず、動物擁護者の大半は、PETAの代表者らも含め、真に動物たちのためを一番に思っているということだけははっきりさせておく。

＊ ここは筆者に誤認がある。原注の資料によれば、PETA（の代表イングリッド・ニューカーク）が批判しているのは、統計的な数値を根拠に「動物擁護者は工場式畜産への抗議のみに全力を注ぐべきだ」と主張する人々であって、研究や科学的根拠を使用する人々ではない。ニューカークはこの資料のなかで、工場式畜産だけでなくあらゆる動物搾取への抗議を同時に進めていく必要があると主張している。

畜産利用される動物に擁護者らが注目しだしたばかりの時期に、いち早く行なわれたもう一つの記念碑的活動は、コンパッション・オーバー・キリング（COK）による二〇〇一年の採卵場調査である。全国メディアがこの調査に注目するなか、『ワシントン・ポスト』紙には鶏卵生産者の興味深い言葉が載った。「私どもは通常の業務慣行に則っております。［調査員の］苦情は私どもの施設ではなく業界に向けられていますね」。[25] 今日の業界専門家は、一〇年以上にわたりこうした調査に対処してきた経験から、新しい暴露があればむしろ当の施設を例外的な悪玉と名指す傾向にある。

これと同時期にオハイオ州出身の青年がマーシー・フォー・アニマルズ（MFA／Mercy For

Animals）を立ち上げ、同団体は畜産利用される動物の擁護組織として、それからの一〇年間にわたり、おそらく最大の影響力を振るった。一九九九年、一五歳のネイサン・ランクルが通う地方の高校で、教師が自宅の農場から死んだ子豚をバケツに入れて持参し、生徒に解剖実習をさせることがあった。一匹の子豚はまだ息があったので、教師の農場で働いたことのある一人の生徒は、標準慣行の「叩き付け」を行なおうと、子豚の後ろ脚を持ち、殺すつもりでその頭を地面にぶつけた。頭蓋骨は割れたが子豚はなお死なず、他の生徒は憤慨してその子豚を救おうとした。あいにく救命は叶わなかったが、この事件は地元メディアの関心を引き、ランクルは同じ年にMFAを立ち上げた。[26]

創設以来、MFAは徹底して効果を追求し、何よりも最大の影響をもたらすことを優先してきた。主眼となる活動は調査の実施とそこで得られた情報の拡散であり、後者はベジタリアニズム推進のチラシ配りや大学キャンパスでの学生啓蒙を通して行なう。その計算された巧みな活動は、アメリカ人の心に工場式畜産への強い嫌悪を根付かせた。MFAの活動はアメリカの大手メディア各社や他国の大手紙誌に取り上げられ、畜産業をめぐる世界の議論を左右してきた感がある。

同団体は北米での調査に関し、公開するものの数を意図的に絞ることで、メディア上の過飽和、すなわちジャーナリストや読者が動物虐待の話題に食傷気味となる事態を防いでいる。そして北米での調査をさらに重ねるよりも、MFAは従来ほとんど、もしくは全く顧みられてこなかった国々を調べることに力を傾注する。さらに動物にやさしいビジネス形態を模索する企業努力にも同団体は関わっている（後述）。[27]

畜産利用される動物の擁護に関し、二〇〇〇年代に主導的な役回りを果たしたもう一つの団体は全米人道協会（HSUS／Humane Society of the United States）で、その貢献も効果の追求に負うところが大きい。HSUSは長年にわたりペット・野生動物・その他の保護では牽引役を担ってきたが、畜産利用される動物については二〇〇〇年代初頭までほぼ手を付けていなかった。さいわい、現在の指導部は効果に重きを置く姿勢から、人間に飼育される動物の九九パーセント以上が食用の集団で、その苦しみは最大級であるという事実を鑑み、戦略を練り直した。[28] 二〇〇四年に現CEOのウェイン・ペーセリがポストに就くと、HSUSは間を置かずしてCOK創設者のポール・シャピロを雇い、畜産動物保護部門をつくった。[29]

二〇〇八年に同団体はカリフォルニア州の屠殺場を撮影した画期的な潜入調査の動画を公開した。他の虐待とともに映っていたのは、へたり牛（病気や負傷がひどく、立つことや歩くことができなくなった牛）を作業員がフォークリフトで追い立て、屠殺場まで歩かせる光景だった。この暴露は、くだんの屠殺場が全米学校給食プログラムと関わっていたこともあって食品安全の危機を裏付け、アメリカ史上最大の牛肉リコールへと至った。[30] 同じ年にHSUSはカリフォルニア州の住民投票条例案2を通過させるためのキャンペーンも行なっている。ここで、MFA、HSUS、ならびに本書で紹介する多数の非営利団体・企業・個人が、筆者の研究と本書の根底をなす新しい社会運動にして哲学である効果的な利他主義の体現者だという事実を確認しておきたい。

潜入調査は日常的に生じている重要問題を暴露するものだが、メディアの報道を介してそれを伝えることは動物保護団体にとって容易ではない。ジャーナリストや畜産業界の人間は往々にして、殴る蹴るのような最もわかりやすい虐待に焦点を当てたがる。しかしこうした虐待は一大ニュースになりやすい反面、少数の逸脱者による仕業にすぎないという言い逃れの余地を業界に与えてしまう。そこで今日の動物保護団体は業界全体にはびこる虐待の暴露に力を注いでいる。MFAは調査する施設を無作為に選んでいると言い、他の団体はあえて優れた人道性認証を与えられた農場を選ぶことで、多くの消費者が幸せだろうと思っているそうした農場の動物たちもなお、甚だしい苦しみを味わっている事実を伝えようとしてきた。[31]

畜産業界の大失策

潜入調査が行なわれだした後、その成功に最大級の貢献をなしたのは、あろうことか畜産業界のロビイストたちだった。肉・乳・卵業界は調査を喰い止めるべく、畜産施設の記録を制限する法案を州議会で通過させる手に打って出た。その走りは二〇一一年にアイオワ州で可決された法律で、動物施設の内情を秘密裡に録音・撮影する行為、およびそのような記録を所持・拡散する行為を禁じる。[32]

要するに畜産業界は虐待の犯人ではなくその告発者を裁こうと考えたのである。

いまや「畜産さるぐつわ法」の名で知られるこれらの諸法については、主流メディアで議論されだした途端に人々の反発が起こった。食品コラムニストのマーク・ビットマンはアイオワ州の法律が可決されて間もなく、『ニューヨーク・タイムズ』紙の記事を通して右の通称を定着させた。彼はその年に行なわれたテキサス州の調査に触れたが、そこで明らかになったのは、子牛たちが労働者にハンマーで殴り殺される、体の向きも変えられない小さな檻に閉じ込められる、蔓延する健康問題に悩まされる、そして標準業務の一環として、熱した切断器具で角を焼き切られるなどの状況だった。[33]

これらの法案は多くの州で可決されたが、通過しなかった例も多く、アイオワ州とユタ州のそれは裁判所が違憲であるとして却下した。[34] 多くのジャーナリストや著名人が畜産さるぐつわ法を批判し、その報道を受けて多数の人々が肉食や畜産業界全体への反対を声高に唱えた。ある心理学実験はこの効果を確証し、人々がこうした法律について知るだけで農家への信頼は落ち、動物福祉規則への支持は増すことを示した。[35]

この闘争で先頭を務めた一人が、冴えた思考と穏やかな性格を兼ね備えた調査ジャーナリスト、ウィル・ポッターである。彼の著書『緑は新たな赤』は、政府と産業による環境・動物活動家の抑え込みを追い、平和な活動家を貶める「エコテロリスト」という挑発的レッテルの使用にも書きおよぶ。

二〇一三年四月に、ポッターは進歩派の独立系ニュース番組「デモクラシー・ナウ！」で、動物農業同盟の広報責任者エミリー・メレディスと討論した。ポッターは畜産さるぐつわ法が動物保護以外のところでも、アメリカ自由人権協会や全米報道写真家協会など、多数の団体による反対を受けていると指摘した。これらの団体の主張は率直である。私たちは老人ホームや保育所や衣服工場など、他のどんな職場の内部告発者を黙らせる法律も許さない。なぜ畜産場と屠殺場を特別扱いするのか。

メレディスのほうでは、そうした動画は「辛辣な批判」なので農家とその評判を害する、と主張するのがやっとだった。彼女の所感では、調査員は農家に自己弁護や是正措置の機会を与えず、得られた動画をそのままメディアで流すことで業者を悪者に仕立てている。ポッターはこれに答え、活動家は常に調査結果を当局に報告しており、それが多くの重罪判決に結び付いていると指摘した。

メレディスその他の業界代表者が好んで口にする反論として、もし虐待の目撃者がすぐに事件を報告すれば、最短で動物を助けられるのだからそのほうがよいだろう、という主張がある。これは一見真っ当なようだが、動物虐待の申し立ては長い記録がなければ真剣に対応してもらえない。加えて、畜産利用される動物を対象とする有効な福祉法がない状況では、畜産場の実態を世に知らせ、動物のための正義を求める人々の声を高めるうえでも、虐待を記録することが不可欠となる。

この論争の後にCNNでも討論が行なわれ、そこでは司会も動物擁護側に与するようすだったが、さらにその後の二〇一三年六月に、メレディスは諷刺番組「ザ・デイリー・ショー」に出演した。ユーモアを含む挑発的な質問の一つはこうだった。「つまりこういうことでしょうか、あなたは動物を守ろうとしている人々から動物を守ろうとしている、と?」。メレディスは（おそらく質問に嵌められているのを充分に理解せず）はっきりイエスと答えた。インタビューが続くなか、メレディスは活動家が動画を資金調達に利用している、との問題を指摘する。「とすると金勘定をしているのは活動家であって農家ではない、と?」と聞き手が尋ねると、彼女は「そうです。動物擁護産業は巨大ビジネスです」と答えた。それに続いて、画面には食品企業の歳入が動物保護団体のそれに劣ることを示すグラフが表示された。メレディスがふざけていたのかどうかはわからない。

二〇一三年以降も、業界は畜産さるぐつわ法を州議会で通過させようとひそかに立ち回ったが、世論の賛同は得られなかった。同年八月、全米豚肉生産者評議会の政策担当者は語った。「私どものほうで『畜産さるぐつわ法』の報道に関して調べましたところ、九九パーセントが否定的なものと判明しました[36]」。

エコーチェンバーの外へ

動物擁護活動はもはや異端ではない。畜産利用される動物の擁護に取り組む活動家は、動物擁護の会合で登壇するとき、しばしば自身の若い頃の写真をスライドショーに映して話を始める。ステレオタイプ通り、運動牽引者の多くはパンクカルチャーに原点を持ち、ドレッドヘアや鼻ピアス、あるいは私の好きな一〇インチ〔約二五センチメートル〕の金髪モヒカンといった出で立ちの頃もあった。モヒカンはデビッド・コーマン・ハイディのかつてのスタイルで、彼は現在、畜産利用される動物の保護に携わる代表的な非営利団体、ザ・ヒューメイン・リーグの事務局長を務めている[37]。

こうしたスタイルに何も問題はないが、多くの活動家はビジネスカジュアルの格好をすると新たな層に話を伝えられることを学んだ――この身なりなら、動物に関し重要な決定の数々が下される企業の役員会議室にも入れる。かれらは街頭を離れ、潜入調査動画を火種とする人々の怒りをファイルにまとめ、それをCEOのデスクに突き付けて具体的な経営方針の変更を迫ってきた。

活動家たちの勝利は目覚ましい数の動物たちを救う。一例を挙げれば、これらの改革に弾みがついた二〇一五年、ＭＦＡは食品大手に動物福祉の向上を求めるキャンペーンを行なって成功を収め、年間推定七〇〇万匹の動物たちの境遇を改めた。影響される動物の大部分を占めるのは卵用の雌鶏で、彼女らは現在、狭苦しいバタリーケージではなく平飼いの鶏舎で飼われている。ほかに禁止された虐待としては断尾（だんび）もあり、これは子牛の尾を麻酔も使わず切り落とすという標準的な業務慣行である。

七〇〇万という数字は動物慈善評価局（ＡＣＥ／Animal Charity Evaluators）という研究組織の計算にもとづく。筆者はかつてここの取締役会長、次いで常務研究員を務めた。ＡＣＥはまず企業の利用下にあって福祉政策に影響される動物の数を集計した（たとえば断尾政策に関しては乳牛の数を調べるなど）。続いて、キャンペーンの成功に寄与する他の団体や圧力も考慮しつつ、ＭＦＡの影響割合を試算した最良の値を検討する。そしてそこから、福祉改善に向けた意欲を表明するだけでその実施にまでは至らない企業への影響分を差し引いた。

二〇一六年にもＡＣＥが同様の手法を使ってＭＦＡによる企業への影響を試算したところ、恩恵を得る動物の数は一億五〇〇〇万匹にも膨れ上がった。これは採卵業での平飼いが急速に普及したことと、肉用の鶏に関する改善策が実施されたこととによる。後者は残酷さを軽減した屠殺法、鳥たちが生涯の大半を過ごす密室鶏舎に窓や止まり木を設ける工夫、健康問題が少ない福祉的な鶏品種の使用などからなる。ＭＦＡの同年のキャンペーン予算は諸経費を含めて一一〇万ドル超に留まるので、これらの取り組みは実に費用対効果がよいと思える。[38]

リア・ガルセスは、同様の企業向けキャンペーンを数多く主催するイギリスの農用動物保護団体コンパッション・イン・ワールド・ファーミング(CIWF)のアメリカ支部で常任理事を務める。筆者との話によれば、彼女が活動家の道を歩み始めたのは一九九〇年代のことで、当時一〇代だったガルセスは動物たちを助け、友人らに触発されてベジタリアンにもなった(その友人のなかにはボーイフレンドもいて、彼が現在の夫であるという)。動物への思いやりが強まったことから、フロリダ大学に入学すると獣医学を専攻したが、考え深い教授は彼女に、獣医師は配管工みたいなものだと語った――個別案件が持ち上がればそれに対処するが、システムそのものは改善しないのだ、と。

ガルセスは畜産利用される動物たちを全国規模・世界規模で助けるための貴重な同盟を築くことができた。この運動はさまざまな思想や強弱を含む。工場式畜産に強く反対する動物擁護者は、何十億もの動物をひどく苦しめているとみられる企業の役員や工場式畜産農家からは離れられるだけ離れていたほうが心地よい。が、企業は動物たちの生に多大な支配力をおよぼすので、それらとうまく交渉できる活動家は直接的に大きな変化をもたらせる。

仲間づくりの天才であるガルセスは、工場式養鶏農家クレイグ・ワッツのもとを訪ねたときのことを話してくれた。ワッツは全米最大規模の鶏肉会社パーデューと取引していたが、その仕事にはもううんざりしていた。そこでガルセスは、工場式畜産に反対するCIWFのキャンペーンに彼が加わることを期待したのだったが、撮影班と養鶏場へ向かっているときには、農家が奇襲してくるかもしれないという不安があった。というのもワッツから業界の友達について語ったジョークまじりのメールが届いていたからである。それでもガルセスはやり通す決意を固め、その勇気は報われた――パーデューの行ないを糾弾したワッツの言葉は大々的なニュースになった。

ところで、福祉改革、特にバタリーケージの撤廃をめぐっては、それが実際どこまで動物のためになるかが論争の的になっている。残念なことに、平飼い鶏舎はいくらかの点でバタリーケージよりもなお劣悪になりうる。たとえば平飼い鶏舎の床は糞で覆われているのが普通であり、鶏たちが歩き回りながらそれをかき乱す結果、空気は汚れ、呼吸器疾患が広がる。加えて大量の雌鶏——一般には数千羽、場所によっては一万羽以上——が一つ屋根の下に収容されるので、彼女らがつつき順位を決めるのも困難になる。鶏たちは縦社会のなかで自分が占める位置を特定できないため、絶えず争い続けることとなる。激しいつつき合いで互いを傷つけ、一部は事実上の共喰いによって命を落とす。こうした有害行動が起こるのは、若い鳥たちが置かれる不毛な環境に、つつくに適したゴミくずや土くれなどがないせいと考えられている。したがって彼女らの自然なつつき衝動は唯一の選択肢、他の鳥へと向かう。平飼い鶏舎では膨大な数の雌鶏が交わり、互いから学ぶので、この行動が一層容易に蔓延する。放牧や裏庭飼育で、少数の群れに充分な空間と複雑で興味を惹く野外環境が与えられれば、このような異常行動は発生しない。[39]

とはいえ結論としては、ケージ撤廃による長所——木にとまる、砂浴びをする、ただ歩き回るなど、主として自然に似た行動がとれること——が短所に勝るという見方で研究者らはほぼ一致している。ただし右のような諸問題を振り返るなら、短期的な苦痛軽減のみに囚われる視野狭窄は戒められなければならない。

福祉改革の影響を疑う問いはもう一つ考えられる。これらの政策変更は本当に活動家の貢献なのか、どのみち食品会社が行なうはずだった変更を活動家が自身らの働きによると考えているだけではないのか。しかしこれについては活動家の言葉を引くまでもない——代わりにチャド・グレゴリーの言葉を引こう。彼はアメリカ採卵業の約九五パーセントを代表する業界の協同組合、全米鶏卵生産者組合の会長である。[40]次に示すのはアメリカ最大の畜産業界ニュースサイト「フィードスタッフス」に載った二〇一六年三月の記事の一節である。

> 矢継ぎ早のケージ撤廃宣言を促している要因に関して、「グレゴリーは」HSUSとザ・ヒューメイン・リーグが「非常に攻撃的な」ケージ撤廃キャンペーンを行ない、あらゆる小売店・食品製造業者・食品会社に「集中砲火」を浴びせてきたと語る。
> 「これを推し進めてきたのはかれらです。疑問の余地もありません」と彼は付け加えた。[41]

改善が活動家の働きによることは宣言のタイミングからもわかる。活動家からまとまった圧力が加えられた直後を除き、企業が政策変更をすることは滅多にない。研究者との対談で企業の重役らは活動家の圧力による影響を認めている。[42]

懐疑的な読者はそれでもなお、福祉改革は畜産業界の縮小につながらないのではないかと危ぶむかもしれない。むしろ福祉は消費者の問題意識を殺ぎ、自分は罪悪感なくこれらの畜産物を購入していいんだという自己満足を育てることで、長期的には業界の成功を後押ししかねない、と。

筆者も研究を始めた当初はこの自己満足が気になり、現在もそれを防ぐ方法を積極的に探っている。しかし福祉改革の長期的効果をめぐる動物擁護者の議論には長年の蓄積があり、筆者は正の間接影響が負の間接影響に勝るという結論に至った。とりわけ、こうした政策を求める活動は現行のシステムに対する満足を生むよりも、畜産反対論を勢いづけると思われる。[43]

もう少しこの点を掘り下げ、自己満足よりも反対論の強化を期待できる三つの主な理由を挙げてみたい。第一に、今日の証拠（エビデンス）によれば、最も成功した社会運動も、より大きな目標を胸に、こうした段階的アプローチを用いている。たとえばイギリスの奴隷制反対論者らは当初、奴隷制全体の廃止ではなく、奴隷を供給する取引の廃止に注力し、最終的に制度全体が瓦解することを狙った。加えてその時点で存在する奴隷たちの境遇改善にも努めた。実際のところ、奴隷業界がごくわずかな譲歩しかしなかったこと——そして最低限の衣食住を提供するなどのささやかな変更すら容易に認められなかったこと——は、人々の怒りを燃え立たせ、奴隷制廃止へ向けた最後の一押しを促した感がある。畜産業のような現代産業についてもこれと同様、改革の試み、その失敗、そして廃絶推進のプロセスを見て取ることができそうである。[44]

第二に、福祉改革は価格に影響することで総生産を減らしうるという理論的・経験的証拠がある。すなわち、動物を大切に扱おうとしたら一般に費用がかさむ。もし福祉的な慣行が利益になるのなら、業者はすでにそれを取り入れているはずだからである。この考え方を支える経験的データとして、欧州連合（EU）がバタリーケージの禁止と妊娠ストール——妊娠した豚を閉じ込める方向転換も許さない小さな金属製の檻——の大幅使用制限を盛り込んだ反監禁法を可決した後、鶏卵とベーコンの価格が上昇した事例が挙げられる。同じく、カリフォルニア州で条例案2が通過した後にも、鶏卵価格が上昇し、続いて生産量が三五パーセントの下降を見せた。[45]

興味深くも、改革に大勢の支持を集めることと、最大の倫理的便益を生むことは緊張関係にある。多くの活動家はこうした価格上昇を些少に見積もり、肉を食べる消費者からみて改革を受け入れやすいものにしようと努める。しかし筆者はむしろ喜んで価格上昇を認めたい。私たちは他の産業についても、高い倫理水準には金を出すのだから、畜産業を例外視するいわれはない。加えて他の条件が同じなら、価格上昇は畜産物の消費量を減らし、健康的・倫理的で手頃な値段の植物性食品の消費量を増やすと考えられる。これは紛れもなく正の副次効果だろう。

最後に、これらの改革を通し、活動家や寄付者が自分たちの貢献によって実際に大きな変化が起きているのを目の当たりにし、いかに力づけられるかを考えてみよう。この累積する報いは看過されがちだが、もし畜産利用される動物の擁護者らが、畜産物生産の縮小や全廃といった大きな政策の変化だけを求めて奮闘していたら、当面は目に見える成功もないため、大勢が熱意を失いかねない。

福祉改革の勝利は運動と産業の前例となるだけではない。それらはメディア、知識人、大衆に、畜産利用される動物たちは大切な存在で、その擁護者らは強力な一群であること、報道と真剣な考慮に値することを知らしめる。そして個人らが一貫した行動へ向かうように、社会もその方向へ流れる。畜産利用される動物を助ける行動を一つ起こせば、そうした動物たちを気づかう社会のアイデンティティが高められ、さらなる福祉改革や非動物性食品の普及が進む見込みも増す。この点に関する証拠としては、やや限定的ながら三つの小規模な実験があり、そこでは福祉改革の情報を与えられた参加者らが、無関係な情報を与えられた参加者よりも動物性食品の消費削減に関心を抱く傾向が示された。[46]

勝利は関係も築く。活動家がケージを使わない飼育の利点に関する特集記事を書けば、そのときに築いた信頼関係を通し、いずれ同じ編集者に非動物性食品の記事を売り込むことも可能になる。福祉改革をめぐって食品会社と仕事をした非営利団体は、いずれ同じ会社と非動物性食品の導入をめぐって協同作業を進めることができる。

もう一つの根拠として、国々の福祉水準の高さとベジタリアン人口の多さには相関関係がみられる。ただしこれは外部変数の影響を考え、限定的に捉えなければならない。たとえば動物への普遍的な思いやりが定着している国では、福祉水準もベジタリアン率も高くなると考えられる。国別データのほか、同様の相関関係を示す事例として、アメリカとオランダでは「高い福祉水準」の畜産物を好む人々ほどベジタリアニズムに関心を持つ傾向がある。[47]

ビーガン、ベジタリアン、リデュースタリアン

潜入調査員その他の活動家が動画を広めるなどして人々に語りかけるときには、「お願い」もしくは提案を織り込む必要がある——つまり、啓発された視聴者がくだんの動物虐待なり環境破壊なりを終わらせたいと思ったときにできることを示さなければならない。この活動は人を引き付ける強力な方法となりうる。近年の革新的な方法として、バーチャルリアリティ用のヘッドセットを使い、人々を畜産利用される動物たちの生活世界に入り込ませるという手法がある。これを始めたのは国際的な非営利団体アニマル・イクオリティだった。ある動画は視聴者を鶏の屠殺場へいざなう。

カメラは二羽の鶏のあいだにぶら下がり、正面を向けば作業員がいて、過ぎ行く鶏たちの喉を割こうとナイフを研いでいる。[48] 過去三〇年のあいだ、動物擁護運動が動画を見て行動しようと思った人々に求めることは、おおよそ個人的な食生活の見直しと決まっていて、肉の消費を減らそう、あるいは畜産物を食卓から一掃しようという呼びかけに絞られていた。

これはどの程度の成功を収めたか。データは多くない。過去に実施されたわずかな調査はおもにアメリカのもので、それぞれ方法が異なっている。一九七八年の調べでは調査対象者の一・二パーセントがベジタリアンを自認していたのに対し、一九九二年のそれでは七パーセントだった。[49] 一九九二年以降の調査で最良なのはベジタリアン・リソース・グループのアンケートで、これは特定品目に関し、回答者に「決して食べない」かどうかを尋ね、赤身肉・家禽肉・水産物の全てに印を付けた人をベジタリアンに数えるというものだった。結果は、一九九四年がベジタリアン率〇・七パーセント、九七年が一パーセント、二〇〇〇年が二・五パーセント、〇三年が二・八パーセント、〇六年が二・三パーセント、〇九年が三・四パーセント、一一年が五パーセント、一二年が四パーセント、一五年が三・四パーセントだった。[50] 各調査でベジタリアンと答えた人々の約三分の一から半数は一切の動物性食品を摂らない層となる。

このほかに一九九九年、二〇〇一年、二〇一二年のギャラップ調査が人々にベジタリアンを自認するかを尋ねている。結果は六パーセント、六パーセント、五パーセントの順だった。[51] このデータは統計上の誤差範囲があるので証拠としては弱いものの、総じて一九九〇年代から二〇〇〇年代のあいだにベジタリアン自認者の数が大幅に増えたことを示している。なお、この動向は古参の活動家たちもおおよそ認めるところであり、過去数十年における調査動画の公開や新しい植物性商品の登場とも時期的に重なる。

他国のデータはほとんど見当たらないが、ベジタリアン率の調査では大体二パーセントから一二パーセントという数字が出ており、突出した国としてインドの二九パーセントが目に留まる。これは宗教的ベジタリアニズムの影響が大きい。[52]

調査結果によれば、アメリカ人の約五四パーセントはリデュースタリアンの自認者、つまり「目下、動物性食品（肉・乳・卵）の消費を減らし、植物性食品（果物・穀物・豆類・野菜）の消費を増やそうと努める」人々であるという。[53] また、アメリカで屠殺される動物の総数は二〇〇八年まで上昇をみせていたが、その後は横ばいとなっている。人口が増え続けていることを考えればこれは良い兆候である。[54]

畜産利用される動物への思いやりは、底辺をみるとさらに広がっている。アメリカで二〇一四年に行なわれた調査では、回答者の九三パーセントが、人道性に配慮した生産者から食品を買うことは「とても重要」だと感じていた。[55] 八七パーセントは「農用動物は人間とほぼ同様に苦痛や不快を感じる」と信じている。そしてある調査では、「屠殺場の閉鎖」という急進的に思える政策変更に、アメリカ成人のなんと四七パーセントが賛意を示した。[56]

運動の現状に関する議論を終え、未来の方針へと話題を移すにあたって、筆者はこの個人的食生活の刷新を重視する運動方針に懸念があることを述べておきたい。これは事実上、畜産業への反対をベジタリアニズムやビーガニズムの言い換えとしてきた。私見では、これは支持者になりうる人々の多くを遠のける手法であり、先に論じたＰＥＴＡその他の演出や注目集めと並んで、この運動の最大の誤りに数えられる。さいわい、これからみるように運動は制度的変革へと主眼を移しつつあり、企業や社会集団、そして広く社会全体に働きかけ、目覚ましい成果を収めている。

第3章　ビーガンテックの興隆

ジョシュ・バルクとジョシュ・テトリック（以下、二人のジョシュ）はビーガンの固定観念を打ち破る。大学時代にバルクは野球を、テトリックはフットボールをたしなんだ。満面の笑みと機知の効かせ方が売りの印象的な二人である。仕事の調子はどうかと尋ねると、自分たち以外の全ての人を褒め称える――チーム、顧客、そして誰より私たちを。

言い換えれば、私たちはかれらが売ろうとしているものを買いたくなるということである。

「ハンサム・クリーク」

二人は二〇一一年にハンプトン・クリーク（現在のＪＵＳＴ）を創業した。筆者は初め、二〇一五年に同僚らを連れてそのサンフランシスコ事務所を訪ねた。迎えてくれたのはジェイクという名の、舌を垂らしたゴールデン・レトリバーだった（彼は事務所の挨拶係として正規に雇われていたのかもしれない)。筆者らはフロント近くの長椅子に腰掛け、見学の時間が来るのを待った。事務所はサンフランシスコ湾の一帯にみられる典型的な技術系新企業の職場で、部屋は間仕切りがなく、アップルのパソコンが並び、見たところ四〇代以降の人間がいない。テトリックは丸椅子に座って、身なりのいい投資家と話していたが、後で知ったところでは、その相手はハンプトン・クリークの出資者でアジア最大の富豪の一人、李嘉誠(りかせい)の代理人だった。

筆者らは非営利団体のスタッフということで、見学の案内役はバルクが担当した。彼は実のところハンプトン・クリークの社員だったわけではなく、非営利団体で働いてきた。特に所属歴が長いのはHSUSで、現在の彼はポール・シャピロに代わって同団体の農用動物保護部長を務めている。

HSUSに属する以前、バルクは潜入調査を行なっていた。本人いわく、二〇〇四年頃には鶏の屠殺場を調べるべく、社員になってひそかに施設の状況を動画に収めた。屠殺ラインでは作業員らが鶏の肢を摑み、移送用ケージから引き抜いて目の高さに上げ、金属製ケーブルに吊り下げていく。ケーブルは鶏たちを屠殺工程へ送り、まずは電流が走る浴槽で体を痺れさせ、続いて回転ノコギリでその喉を意識あるまま切り裂き、最後に沸き立つ熱湯浴槽へ沈めて羽をむしりやすくする。最初の二段階で鶏が殺される保証はなく、最後の段階でも多くが息を保っている。この話をしている最中だけは、バルクの顔から笑顔が消えた。

屠殺ラインの反復作業は多くの場合、労働者の尊厳を損ない、その心身を疲弊させる。バルクもそれに悩まされたが、華氏一五〇度〔摂氏約六六度〕の熱湯へ送る個々の動物に道徳的な人格性を認める身としては、なおのこと心労が大きかった。が、この残忍行為の記録が公開されれば、何百万もの動物たちが同じ運命を免れうると考えることで、彼は熱意――と正気――を保った。

畜産利用される動物の保護運動が始まって間もないこの頃は、調査もおよそ今日のように洗練されてはいなかった。バルクはシャツの下に大きくかさばる録音機を装着していた。屠殺ラインでは作業員らが位置交代の時間を合図するために互いの腹を叩くならわしだったが、当時は潜入調査もあまり知られていなかったので、奇妙な物体をまとうバルクも疑いをかわしおおせた――おそらく同僚らはそれを医療器具と思ったのだろう。

施設勤務の最終日、バルクは大胆になった。彼は鶏と施設の鮮明な写真を撮るため、カメラを表に出した。撮影しているところを警備責任者に目撃されたが、職員IDを見せると、この写真が「60ミニッツ」〔ドキュメンタリー番組〕で報道されるのは御免だぞ、とだけ言われて釈放になった。バルクは警備員を説得して、鶏と並ぶ自身の写真まで撮ってもらった。後にみるように、この大胆さがハンプトン・クリークでの果敢なビジネス戦略につながり、それを大きな成功へと導くことになる。

調査員からHSUSの政策担当者に鞍替え(くらがえ)したときの話になると、再び彼の笑顔が戻った。今やバルクはスーツをまとって畜産業界の重役に会い、高い福祉水準の採用を求める交渉人である。彼は献身的な現実主義者というよりない。一五年にわたる活動歴のなかで病欠はなく、休みといえば休暇をとったときが一回、葬儀に参列したときが数回、それと選挙日に候補者のボランティアを務めたときが五回（父のそれも含む）しかない。これほど仕事に厳しいにもかかわらず、あるいはそれゆえかもしれないが、バルクは滅多に笑顔を絶やさない。

ＨＳＵＳの仕事を通してバルクは重要な認識を得た。大会社の重役らは、倫理を考えない利己的な守銭奴として悪名高いが、大抵は私たちと同じくらいに動物虐待を忌まわしく思っている。バルクによれば、かれらは現行の業務慣行を必要悪とみるが、ともかく悪と認識しているには違いない。無論、この抜け目ない財界人らは明らかにＨＳＵＳを手なずけようとしている部分もあるが、かれらがみせる純粋な思いやりは、ハンプトン・クリーク創設前のバルクを事あるごとに悩ませた。

バルクによれば、とりわけ印象に残っているのは食品会社ゼネラル・ミルズとの会議で、同社の重役らは明らかにバタリーケージの撤廃に乗り気でありながら、変更にかかる経費の縛りがどうにもならないと感じていたという。訪問を終えたバルクはミネアポリス＝セントポール国際空港で、雪のために遅れた飛行機に乗った。会社の方針を変えられないことに失意を感じながら彼は考えた。「ゼネラル・ミルズも他のほとんどの会社も、味が同じかもっと優れているかで、コストがより手頃なら、喜んで非動物性の商品や成分を使うわけだ。とすると、「そうする会社が」ないなら自分で立ち上げればいいじゃないか」。

家に着いたバルクは一五歳の頃からの友人テトリックに電話してアイデアを伝えた。テトリックは二〇〇四年に大学を卒業した後、研究者としてフルブライト奨学金を受け、低所得国の学童らに教育を施した。この経験は彼のなかに、ビジネスの力と他者を助ける食品への興味を育てた。テトリックは法学院に通い、気候変動関連の事業法を専門に仕事を得る。ところが二〇〇九年、彼は『リッチモンド・タイムズ・ディスパッチ』紙に「あなたは地球を救える」と題したコラムを寄稿し、そこで一言、畜産業界に言及した。「工場式畜産場の内部では、七〇〇億もの動物たち――歴史上に生きた全人類にも相当する数の動物たち――が残酷で非人道的な扱いに苦しんでいる」。事実を述べただけのこの一文が原因で、テトリックはお払い箱になった。というのも会社の得意先には世界最大の豚肉会社、スミスフィールドが名を連ねていたからである。

ハンプトン・クリークの商品開発は、もとよりニッチ商品を買えるビーガンや倫理的消費者をターゲットにはしなかった。二人のジョシュは単純に、植物を動物に食べさせ、その動物を人間に食べさせるという仕組みの非効率に目を付け、これの代わりに直接低コストで植物性食品をつくろうと考えた。会社の重役に利益よりも倫理を選べと説いて聞かせる必要はない。ただできるかぎりの経費節約を求める経営者らの願望をあてにするだけでよい。卵はマヨネーズをはじめ、再現が比較的容易な食品に広く使われているのに加え、その生産がとりわけひどい動物福祉上の害悪を伴うという点で、代替品開発の手始めとしてはうってつけに思われた。

革命的にもなりうるこの企ての第一歩は、できあがる植物性食品が消費者や料理専門家のあらゆる調理上の要望を満たせるようにすることだった。植物性の卵はスフレ〔ケーキの一種〕を膨らませられるか。ケーキのつなぎになって「しっとり感」を出せるか。マヨネーズを乳化できるか。フライパンで朝食用のスクランブルにできるか。これを解決すべくテトリックが雇ったのは、元ユニリーバの研究開発部長ジョアン・ブート[1]、ビル&メリンダ・ゲイツ財団後援の巨額プロジェクトでHIVの遺伝子治療開発に携わった蛋白質の専門家ジョシュア・クライン[2]、それに料理番組「トップ・シェフ」の元参戦者にして、世界的に有名な分子料理レストラン、モートーの元総料理長でもあるクリス・ジョーンズという顔ぶれだった。[*]ジョーンズはなんとモートーのシェフ一同を連れてきてこの研究の支援に当たらせてくれた。サンフランシスコの新企業といえば目を引く大物が関与することで知られるが、ハンプトン・クリークのような例はない。しかも全ては卵不使用マヨネーズの開発に取り組む会社への協力なのである。

＊　分子料理は食材の性質や調理過程を科学的に分析して新しい料理を開発する学問分野。

ハンプトン・クリークの研究で鍵となったのは、膨大な植物データベースにもとづく試行錯誤の実験であり、その成功は特殊な性質を持った植物種によってもたらされた。たとえばヤエナリという豆の蛋白質は熱を加えると凝固することが判明し、植物性スクランブルエッグの第一候補となった。

ハンプトン・クリークの方法論は他の動物利用産業を衰えさせた過去の技術革命を思い起こさせる。鯨油は灯油や植物油に替わり、馬車は電車や自動車に替わった。一八九八年にニューヨーク・シティでは史上初の国際都市計画会議が開かれたが、議論の焦点は犯罪でも住宅でもなく、馬糞だった。市内で一日に生じる馬糞の量は四〇〇万ポンド〔約一八〇〇トン〕を超え、市の職員はそれに伴う出費・疾病・交通渋滞の解決策を見出せずにいた。問題の元凶は馬の死体にもあり、こちらは解体と運搬を楽に行なえるよう、道で腐らせることが許されていた。都市計画者らは一〇日間の予定だった会議を三日で放棄してしまったが、内燃機関が誕生したおかげで一九一二年にはニューヨーク・シティの自動車数が馬を抜き、人間と動物の住民を惨状から救った。[3]

論戦

ハンプトン・クリークが技術を確立してシリコンバレーの有力者らによる巨額投資を確保すると、国内の鶏卵業界に目を付けられた。初めは二〇一五年に、食品大手のユニリーバがハンプトン・クリークを訴え、同社のジャスト・マヨは卵不使用食品の名称として不適切であると主張した。ユニリーバはこの新企業が、脅(おど)しをかけられた零細企業の大半と同じく引き下がるだろうと踏んでいたが、二人のジョシュは意志を曲げず、会社として受けて立った。巨大な食品企業と闘ってきたバルクは、この業界で弱者がぐらつかないにはどうすればよいかを知っていた。

この事件はユニリーバにとって自社イメージを損なう大失態となった。メディアは顔のない巨大企業が、堅実で友好的なCEOを持つ倫理的小企業を叩いていると報じた。ハンプトン・クリークからすると、最初の週の報道だけで二一〇〇万ドル相当の自社宣伝をしてもらったことになる。金はかからず、内容はほとんどが好意的だった。ユニリーバは最終的に訴えを取り下げた。

二〇一五年八月には食品医薬品局（FDA）が絡んできた。ハンプトン・クリークは同局から警告文を受け取るが、そこで言及されたのはマヨネーズの「識別規格」、つまり、食品会社は消費者を惑わしかねないラベルを用いてはならない、という規則だった。[4]テトリックは再び応戦し、さらに消費者からの理解を得た。ただし結果的に会社は若干の修正をラベルに加え、ロゴ（卵の中に植物が芽生えるシルエット）を縮小して、「卵不使用」などの記述を拡大し、「塗るもよし、かけるもよし」というフレーズを付け足した。[5]

しかしマヨネーズ闘争は続く。早くも一カ月後（筆者がハンプトン・クリークの事務所を訪ねる一カ月前）には、アメリカ鶏卵委員会（AEB）が同社に対する陰謀を企てていたことが『ガーディアン』紙にすっぱ抜かれた。AEBのマーケティング戦略は他業界への攻撃を含まないことになっているが、同組織は小売店ホールフーズからジャスト・マヨを放逐しようと企んでいた。『ガーディアン』紙が公開したEメールにはテトリックへの暴力を匂わすジョークまで含まれている。ある人物は「共同出資で奴に一発喰らわすのはどうか」と提案し、ある役員は「ブルックリンの古い友人らを誘ってテトリック氏のもとにお邪魔しようか」と申し出ていた。[6]

メディアは再び騒動となり、やはりハンプトン・クリークを至極好意的に評したが、このスキャンダルはそれとともに同社への信頼を著しく高めた。恐ろしい採卵業界がこの新企業を脅威とみているることが明らかになったからである。これは畜産業界の打倒へ向けて活動する人々全てにとって励みになる。筆者がジョシュラの事務所を訪ねた日に、AEBのCEOがこのたびのスキャンダルを受けて辞任するとの報道が流れ、これまた無料の好意的な会社紹介となったうえ、活動家と使命に駆られる企業が大きな変化を起こしうることの証明にもなった。

残念ながら二〇一六年八月に、ハンプトン・クリークはメディアから否定的な注目を浴びることとなる。ニュースサイト「ブルームバーグ」は、二〇一四年にハンプトン・クリークが買戻し計画を行ない、金で雇った契約者らに小売店のジャスト・マヨを購入させていたことを批判した。テトリックによればこれは品質管理プログラムの一環であり、契約者らにさまざまな場所で商品を購入させ、その色や味が問題ないか、包装が傷んでいないか、等々を確かめるためだったという。割いた予算は約七万七〇〇〇ドルで、この数字は同社の出資者いわく、専門サービス会社プライスウォーターハウスクーパースの監査によって間違いないことが確かめられている（これも会社側の言い分にいくらかの信頼性を与える点といえる）。

が、「ブルームバーグ」は本当の数字が二〇一四年七月のわずか一カ月でも五一万ドルにのぼると論じた。同月の会社の売上げが四七万二〇〇〇ドルであることを考えると、かなりの額である。[7]記事はハンプトン・クリークの元社員による証言や文書を引用するが、筆者はその第三者による検証を探し出すことができなかった。アメリカ証券取引委員会は報告を重く受け止め、くだんの買戻し計画に関する予備調査を始めたものの、不正は見当たらず調査は終了となった。[8]

ニュースチャンネルCNBCのインタビューで、テトリックはこの申し立てを広い状況のなかで見てほしいと視聴者に呼びかけた。続いて画面にはジャスト・マヨの総売上げを示すグラフが映されたが、それをみると、二〇一三年一二月から二〇一六年六月にかけて大きく右肩上がりする折れ線の下に、〔買戻し額を示す〕もう一本の水平な線があり、小さく波打った箇所に「二〇一四年マヨ大買占め」という皮肉めいた文句が付されていた。[9]

もっとも、売上げを伸ばすという目的だけで買戻し計画を実施することは、野心的な新企業にとっては珍しくない。『メソッドのメソッド』と題した本で、環境に配慮した洗浄剤のメーカー、メソッドの創設者たち――次章で取り上げる植物性乳製品メーカー、リプルの共同創設者であるアダム・ロウリーも含む――は、ターゲット〔アメリカの百貨店〕で自社製品を買い、それを駐車場で無料配布した逸話を書き綴っている。ウォルト・ディズニーの友人らはディズニーの依頼で映画館に電話をかけ、ミッキーマウスのアニメを上映してほしいと要望したうえ、それが通らなければ理由を問い詰めまでした。[10] 下着会社スパンクスの創設者サラ・ブレークリーは、身一つでのし上がったアメリカ史上最年少の女性億万長者だが、彼女は人々に金を渡して商品を買わせ、みずから百貨店に出向いて自分の商品をレジ近くに寄せるということもした。[11] こうした例はいずれも、小さな事業を立ち上げようと野心を燃やす人々のほほえましい逸話とみなされてきた。そこからすると、ハンプトン・クリークのプログラムが否定的に報じられたのは、倫理に駆られる企業が後ろめたいビジネス手法を使ったということへの興味によるところが大きいと思われる。

インタビューの終わり近くでテトリックは、店の注目を自社製品に集めることは買戻し計画の「二次的な狙い」だと認めた。別のインタビューではさらに、店舗での価格や棚の位置を調べるために七万七〇〇〇ドルの予算とは別枠で多少の購入を行なったことも認めた。[12]

二〇一六年八月後半、テトリックは『ニューヨーク・タイムズ』紙で、ハンプトン・クリークは創業から五年が経った今もなお赤字経営だと語った。[13] しかしこれは技術系の新企業にとってはさほど珍しくない。むしろ同社のように、価格を低く抑えながら規模の経済*を達成できるようになるまで成長するという戦略は妥当に思われる。それでなくともハンプトン・クリークは食品サービス会社等を顧客とし、低コストで商品を量産するにはどうすればよいかをよくよく心得ている。これはウーバーのような会社に代表される今日の技術系産業ではありふれた方法といってよい。[14]

＊　生産の規模を拡大することで製品一単位当たりの費用を下げる経営手法。

総じて筆者は、広い状況を見るべきだというテトリックの意見に強く賛同する。仮に「ブルームバーグ」の申し立てが全て真実だったとしても、鶏卵業界はハンプトン・クリークの比ではないほど不道徳な行ないに手を染めている。ジャーナリストはハンプトン・クリークのような有名企業に何らかの矛盾があれば飛びつきたがる。ましてその企業が倫理を売りにしているならなおさらである。肝に銘じておかなければならないが、こうした新企業が嫌だというなら、残るは今まで通りのビジネスしかなく、それはほとんど誰の得にもならない。

ただそうは言っても、テトリックの言葉の裏を読むなら、ハンプトン・クリークが――熱烈な消費者を頼るだけでなく――社員を使って小売店に商品への関心を持たせようとしたのは誤解を生む行為だったと思う。確かにこれは新企業の常套手段かもしれないが、倫理的な食品システムの開拓に携わる会社は、より高い水準をめざすべきだろう。後ろめたい行為はそれ自体が悪影響をもたらすのに加え、非動物性食品産業の評判を落としかねない。たとえハンプトン・クリークのような企業が総合的には社会を善くしているとしても、一つの過ちがあれば同様の目標を掲げる企業に対する世間の評価が下がり、より良い食品システムを構築する私たち皆の望みが損なわれるおそれもある。とはいえ、しくじりはあったにせよ、ハンプトン・クリークの透明性は賞讃に値する。同社は何もかも公表し、テトリックが操業初期にある社員と付き合っていたことや、「濃縮レモンジュース」と表記すべき成分を誤って「レモンジュース」と表記してしまったことも打ち明けた（後者は修正済み）[15]。

新しく生まれた倫理的企業の消費者かつ観察者である私たちは、食品産業システムの害悪に挑む企業が完璧ではないからといって、見切りをつけてしまわないよう気を付ける必要がある。

この争いからもう一つわかるのは、ジャーナリストが新技術に対していかに大きな影響力を持ち、考え一つで人々を非難にも賞讃にも向かわせられるか、である。この効果については、ジャーナリズムにおける非動物性食品の呼称を論じる際にもう一度立ち返るが、そこでは記事の閲覧数を増やそうとする書き手の意図から、「ラボ育ちの肉」といった語弊を招く悪印象の用語が強調されがちとなる。

豆腐から七面鳥もどきへ

人類初の「植物肉」は、現代のそれに比べれば核兵器に対する豆鉄砲のようなものだった。『代替肉の歴史（西暦九六五年から二〇一四年まで）』という本は「この話題に関する最新最高の情報源」と銘打つが、それによれば、動物の肉を模した植物性食品に関する最初の言及は、代表的なベジタリアンの蛋白源、豆腐の記述で、西暦九六五年のものだという。中国の青陽県では、時の丞が豆腐を「子羊のあばら肉もどき」や「副知事の羊肉」と称し、つましい代替肉として消費を促した、とのことである。*

＊　青陽県は今日の安徽省池州市。丞は副知事にあたり、当時の青陽丞は時戢といった。「副知事の羊肉」すなわち「小宰羊」という通称は、時戢本人ではなく青陽県の人々が用いだしたようである。陶穀『清異録』より。

豆腐がいかにして誕生したかはわかっていない。たまたま大豆の絞り汁を未精製の海塩で味付けしたところから生まれた、ということも考えられる。[16] 海塩の塩化マグネシウムは現在も凝固剤として豆腐生産に使われるので、これを大豆汁に入れれば白い固形の凝結物、つまり豆腐ができたに違いない。豆腐は今日でも桁外れに人気の植物肉で、中国や日本ではベジタリアン以外の人々にとっても欠かせない。[17] 続く九世紀のあいだに歴史的言及がみられる食材としては、セイタン（小麦グルテンの加工品で、弾力性に富んだ噛みごたえのある食感のおかげで豆腐よりも肉らしさがある）、ゆば（豆乳を煮込んだときにできる表面の薄皮で、豆腐皮とも呼ばれる）、テンペ（インドネシア生まれの大豆醱酵食品で、こってりしたナッツのような味わいがある）が挙げられる。[18]

西洋文明の植物肉に関する初の言及は一八五二年に現れる。これは創意工夫が劣るもので、カブとテンサイを細かく刻んで押し固めたソーセージのような混合物だった。より洗練された食品は一八九〇年代につくられたナッツと小麦グルテンのセイタンである。当時のベジタリアンは安息日再臨派〔プロテスタントの一派〕のキリスト教徒が多くを占め、それから数十年のあいだ、ナッツと小麦の混合食品を開発し続けた。記録に残る最初の植物性バーガーは一九三九年に現れ、大豆、小麦グルテン、ピーナッツ、トマトペースト、調味料を含むものだった。[19]

現代のあらゆる植物性バーガーの元祖ともいうべき「ベジバーガー」は、一九六〇年代後半につくられる。開発したのはジョン・レノンやオノ・ヨーコといった人々の行きつけだったロンドンのマクロビ料理店シードである。胡麻、大豆、燕麦（えんばく）、小麦グルテンを混ぜ合わせてできた同商品は、乾物の形で食料品店に並び、消費者はこれを水で戻して整形し、フライやグリルにすることができた。[20]この時代の信頼できる市場データはないが、ベジタリアン食品の人気は一九六〇年代の対抗文化運動と並行して急速に高まったようである。

アメリカで最も有名な植物肉ブランドは、タートル・アイランド・フーズ社が開発したトーファーキーだろう。[21]同社は真正のヒッピー感覚で、アメリカ先住民の民間伝承にちなみ、企業名を海亀の島（タートル・アイランド）とした。伝承はこの世界に洪水が訪れたとき、大きな海亀が陸の動物たちを背負って北米大陸になったと語る。[22]筆者は子供の頃からこの物語を覚えている。一九六〇年代のヒッピーらと同じく、筆者もこの伝承を通して自然界とその住民らに対するつながりや思いやりを育てることができた。

タートル・アイランドは一九九五年に有名な感謝祭ローストト、通称「トーファーキー」を発売する。これは豆腐の生地に詰め物をして完成をみた。通信販売で最初の五〇〇〇個が売れると、会社はトーファーキーに返信はがきを付けて感想を募った。商品はヒットだった。ある顧客はこう書き送っている。「この商品を二〇年間待ち望んでいました。私は感謝祭で〝二級市民〟の立場でしたが、ついにそれを抜け出せるのです！」。同年に全米公共ラジオとニュース番組「トゥデイ」で紹介されたことも相まって、トーファーキーはベジタリアニズムを主流文化の話題とするのに一役買った。[23]

植物性ミート

オリバー・ザーンは二〇一五年に筆者が会ったとき、カリフォルニア大学バークレー校の宇宙物理学センターで局長を務めていた。と同時に、地域の効果的な利他主義コミュニティの会員でもあった。二〇一六年七月に、筆者はドイツ生まれの科学者一家がカリフォルニア州からよそへ引っ越すべく荷造りするのを手伝ったが、このときのザーンは、使命に駆られた新企業で専門を活かそうと、今日有数の知名度を誇る非動物性食品企業インポッシブル・フーズの主席データサイエンティストのポストに就いていた。星の地図を描いて宇宙の起源を探っていた彼が、いまや植物成分の地図を描いて非動物性食品システムを築くことに携わっていたのである。

引っ越しを手伝っていた一同が空腹を覚えた頃に、ザーンは職場から持ち帰った植物性の冷凍牛肉をフライパンで炒め、全員にバーガーをつくってくれた。これが筆者にとって、メディア上で未来の食と謳われていたインポッシブル・バーガーを初めて目にした瞬間だった。ピンクの生パティはどう見ても動物性の牛挽肉である。調理を見ていてまず気付いたのは、一般的な牛肉バーガーのように灰褐色を帯びる独特の色彩変化だった。表面の焦げは牛肉のそれより少しパリパリしているようで、パティは若干水気が少ないように感じたが、これはインポッシブル・バーガーの不完全さを期待する筆者が単に本物の肉との違いを見つけ出そうとしていたせいかもしれない。

自分が味見をする番になったので、大きく口を開けて記念撮影した後、がぶりと噛みついた。正直なところ、一緒になったパンやレタスや香辛料を別にしてパティがどんな味かを確かめることはできなかったので、パティだけを取り出し、改めて食べてみた。すると複雑で豊かな風味、それに肉そのものの舌触りがあって感動を覚えた。ベジタリアンになって久しい筆者は肉の味を欲さなくなったので、多くの模造肉バーガーを食べて満足してきたが、動物の肉特有の味わいを再現したものはこれが初めてだった。パティはやや薄くて水分が少ないが、総評としては文句なく、それらの問題もゆくゆくは修正できるだろう。筆者とともにインポッシブル・バーガーを味わっていた肉食者は「これなら動物の肉と区別できないね」と言っていた。

新しい非動物性食品を味わう人々は、牛肉バーガーのような一食品カテゴリーのなかにさまざまな違いがあることを忘れがちとなる。その肉にどんな調味料がどれだけ使われているか。調理時間は具体的にどれだけか。挽肉中の脂肪率はいくらか。牛は牧草を食べていたか。思うに、インポッシブル・バーガーと普通の牛肉バーガーの違いは、普通のアメリカ人が一年のうちに食べる二つの牛肉バーガーの違い程度でしかない。

ザーンは私たちの感想を大幅に割り引いて聞いていた。それは商品の問題に関し自身の見解があるからで、特にその不完全さはより新しいバージョンで修正されることとなった。彼の分析は精密を極め、鉄分の風味はどれだけ口に残るかなど、バーガー特有の味と後味の全てを見逃すまいとしていた。筆者はそうした問題に一つも気付かなかったと思うが、インポッシブルの試食者は一部を除いてベジタリアンではないので、もっと舌が肥えているに違いない。

このバーガーは植物から抽出された脂肪分と蛋白質を使い、動物の肉と同じ位置づけの食品となるよう一からつくられた。狙いは最もコアな肉食者をも満足させることである。「肉欲しさ」というものは数千年にわたり、料理人、食品科学者、狩猟採集民によって言及されてきた。文化圏によっては肉欲しさと植物欲しさの区別があり、たとえばパプアニューギニアのメケオ族は、肉欲しさを表す aiso etsiu（直訳すれば「喉の不快」）と、植物の食べものを欲するときの ina etsiu（「腹の不快」）という言葉を持つ。[24] 人間が動物の肉を欲する純粋に生物学的な渇望を持つという科学的証拠はないが、肉欲しさを促す社会的要因は明らかに存在する。「牛肉、これが今日のディナー」と謳う広告から、肉を富や繁栄に結び付ける伝統まで、全てがそれである。

インポッシブル・フーズとハンプトン・クリークの登場は、ベジバーガーやトーファーキーから長足の進歩があったことを象徴する。二〇〇八年にトーファーキーの開発者セス・ティボットはこの商品の人気を説明した。「簡単につくれて、七面鳥のすぐ横で調理できて、七面鳥と一緒に並べられるものがあれば、人々は喜んで手に取ります。これで誰も食べるものに困りません。一種の平和維持装置といってよいでしょう[25]」。これをインポッシブルの創設者による二〇一七年の言葉と比べてみてほしい――「弊社の目標は畜産業界を払いのけて叩き潰すことです[26]」。

この果敢な創設者はパトリック・「パット」・ブラウンという元スタンフォード大学の生物化学教授で、彼は学界を去った後、自身が考える世界最大の環境問題を解決することに取り組んできた。今日のビーガンの多くと同じく、ブラウンは「人の行動を変えるのはその心を変えるよりもたやすい」と悟った。彼の目で見ると、食品産業はバイオテクノロジーの面で数十年遅れており、大いに革新の余地があった。「私どもがやっていることは食品システムのなかでは新しくても、バイオテクノロジーの世界では四〇年前の昔話です[27]」。

最初の課題は植物で肉の風味を再現できるよう、その特有の風味成分を特定することだった。容易な作業ではない。牛肉一つとっても、なかにはヘキサナールから4-ヒドロキシ-5-メチル-3（2H）-フラノンに至る数十もの活性化学物質が含まれているうえ、これらは屠殺される牛の品種、肉の部位、さらには調理法によっても大きく変わってくる。[28] インポッシブルは開発目標を絞り込むべく、特定の肉製品としてセーフウェイの80／20牛挽肉*に的を定めた。

＊　セーフウェイはアメリカのスーパーマーケット。80／20は赤身と脂肪の割合を表す。

研究の結果、インポッシブルが探し求めていたという植物性牛肉の鍵となる成分が見つかった。それは「ヘム」といい、多くの生物学的機能を持った有機化合物である。何より有名なのは血中に酸素を送る鉄分を含んだ化合物、ヘモグロビンとしての役割だろう。牛肉の風味の九割以上はヘムによるらしく、これはベジタリアン市場に参入するインポッシブルにとって大いに有利な条件だった。鶏肉のヘムが二ｐｐｍに留まるのに対し、牛挽肉のヘムはおよそ一〇ｐｐｍにもなる。なにしろ、ヘムは牛肉の風味が非常に強いので、鶏肉に加えると試食者がそれを牛肉のようだと感じるほどである。[29] ただ一方、二〇一一年のメタ分析は赤身肉中のヘムと大腸癌（がん）の関係を指摘しているので、インポッシブルが他の植物成分を使わずこれを使うのは気がかりでもある。[30] また、インポッシブル・バーガーは他の植物肉よりもはるかに多くの飽和脂肪を含むが、これは風味を出すうえで必要であるのと同時に、一部の人々にとっては健康面での懸念材料となりうる。[31]

インポッシブルは元々、大豆の根粒（こんりゅう）〔土壌微生物が植物の根につくる丸い塊〕にヘムを発見した（根粒は実際、ヘムの影響で赤みがかっている）。しかし大豆を収穫してヘムを抽出するというのは、ブラウンからみれば環境負荷が大きすぎ、経費的にも無理と思われる方法だった。会社が見つけた解決策は酵母菌である。[32] ヘムをつくる大豆のＤＮＡを酵母菌に注入すれば、菌は律儀にヘムを生成するので簡単に収穫ができる。これは糖尿病用のインスリンやチーズ用のレンネットを生産する過程で何十年にもわたり使われてきた技術と変わらない。

ブラウンは植物性のチーズや乳製品をつくるカイト・ヒルという会社も率いるが、彼ほど野心的で有能かつ優れた商品を提供する人物でも、一人で畜産業界を解体することはできないだろう。非動物性食品業界が成功するには協力と競争が欠かせない。さいわい、パット・ブラウンにはイーサン・ブラウンという競合者がいる。イーサンはビヨンド・ミートの創設者兼CEOで、「日焼けしたカリフォルニア流の筋肉を持つ六フィート半〔約二メートル〕の大男、あごのラインはダイヤモンドも切れるかと思われる」と形容されるのに加え、他の業界牽引者と同じ類のショーマンシップも併せ持つ。[33]

両者はほぼ同時期に各々のパティを発売したが、市場に行き渡らせるためのアプローチは異なった。インポッシブルが自社製バーガーの販売先に選んだのは流行を追う外食店だけで、たとえば著名なシェフのデビッド・チャンが経営するニューヨークのイタリアン・アジアン折衷レストラン、モモフク・ニシなどが挙げられる。[34] チャンは肉への溺愛ぶりで悪名高いので、大使とするにふさわしい。噂によると、客からベジタリアン向けの料理がないと苦情を寄せられたチャンは、それに応えて各皿に豚肉を加えたという。[35] 他方、ビヨンド・ミートは直接家庭を狙い、ホールフーズでパティ二枚組を五・九九ドルほどで売ることにした[36]（業界筋の話では、ホールフーズその他の大手小売店がインポッシブル・バーガーを取り扱わないのは、新成分である酵母菌由来のヘムがFDA認証の最高水準を満たしていないから、とのことである）。ビヨンド・ミートは過去にも高品質の植物肉を開発しており、二〇一二年に発売した鶏切り身はテレビの司会たちを公開の目隠し試食で騙しおおせた。筆者がイーサンから聞いた話によると、鶏切り身の発売を最終的に決定したのは、ビーガンシェフのデイヴ・アンダーソンに協力を仰ぎ、会社の電気技師に非公式の目隠し試食をさせたときのことだったという。

　イーサンもパットも、ともに肉を生まれ変わらせる野望を持ち、投資家と消費者の支えを得た。ただしこの二社は敵対関係というより友好的な競合関係にあると感じられる。両者はよく混同されるうえ、需要が供給を上回る現状からすれば、今は双方が互いの存在によって恩恵を得ている可能性が高い。筆者のように業界全体の成功を観察している外部の人間にとっては、ライバル関係が末頼もしい。それはより優れた新機軸を考え、仕事を速め、非動物肉の人気を高めようとする動機となる。

　いくらかの問題をめぐる紛糾はあった。大抵は些細なことで、ビヨンド・ミートがマーケティングの絵柄を牛にした、インポッシブル・フーズとそっくりの吹き出しを使った、などである。また、新しい産業の競争は悪く転がることもあり、ライバル同士で価格を押し下げていった結果、どちらも充分な儲けを得られなくなる、といった事態も想定できる。さらに、企業の関心が道徳的な関心に勝ったらどうなるかも用心しなければならない。たとえば大手の食品企業が競争を阻害すべく、どちらかの会社を買収するかもしれない。

　しかしこうした展開は考えにくく、ビーガン技術(テック)の事業が持つ利点はとてもではないが捨てきれないので、この分野で競争が活発化することは歓迎したい。加えて、レストランと食料品店はどちらも大きな長所と短所があるため、販路の違いにも見逃しがたい価値があると思われる。

そして現に競争はより大きな広がりを見せているようすであり、事業家たちはこの分野がはらむ豊饒(ほうじょう)な手つかずの可能性に気付き始めている。他社も現在成長途上にあり、植物肉の生産者、ハングリー・プラネットもその一例に数えられる。同社ができたきっかけは、技術系の事業家兼投資家であるトッド・ボイマンが、ミズーリ州セントルイスの小さなレストランで植物性バーガーを注文したときにさかのぼる。バーガーを一噛みした彼はすぐにそれを吐き出し、給仕を呼んで、これは別の客の牛肉バーガーだと苦情を言った。すると給仕は、それは植物性バーガーで間違いないと言う。これを聞いて、二八年間ビーガンを続けてきたトッドの事業家本能が働いた。それから数カ月にわたり彼はバーガーの出所をたどった。生産者にコンタクトを図り、植物肉企業のニュース報道に関するメール文書を転送した。二年のやりとりを経て二〇一五年の秋に、彼はようやくバーガーの裏にいた女性、アリソン・バージェスにまみえた。

バージェスは一四年のあいだ調理法の研究と地域の外食店への販売活動に携わり、動物の肉と同じだけの応用が利く味付けなしの挽肉もどきや豚肉もどきを開発してきた。その期間の大半にわたり共同で作業に取り組んでいたのがビーガンシェフのフレディ・ホランドであり、彼とバージェスとトッドの三人に、トッドの妹で動物擁護者と野生動物写真家を兼ねるジョディが加わって、ハングリー・プラネットを創業し、アメリカ中西部からの全国展開を図った。同社は主として食品提供サービスに従事する。あるレストランは二五種類の植物性バーガーレシピを試した末に、ハングリー・プラネットの商品で満足を得た。

ハングリー・プラネットはハンプトン・クリークやインポッシブル・フーズやビヨンド・ミートのようにメディアで紹介されたことはない――むしろ同社は最小限の技術しか用いず、外部の投資家に頼らないで経営していることを誇りとする。ただし重要なことに、ハングリー・プラネットもこれまでみてきた会社とほぼ同様の野心を抱いている。めざすのは、過去の植物性食品企業よろしくベジタリアン向けの高級食品を提供することではなく、畜産業に取って代わることである。[37]

このほかにも新たな戦略や技術を用いる会社が立ち上げられ、植物性水産物の量産、インドや韓国への植物肉提供（インドにおけるベジタリアン率の高さを思い出そう）、さらに圧力と熱を加えて効率的に植物肉をつくるクエット・セルという装置の開発などが進められている。[38] 植物肉は通常、押出成形という産業工程を経てつくられる。これは水と植物原料（大豆蛋白やえんどう豆蛋白など）の混合物を高温のチューブに押し込んだ後、加圧と冷却を行なうことで、蛋白質を流れに沿って整列させる技術である。これによって蛋白質は筋組織のような繊維構造になる。これらの要素――温度、圧力、水分量、成分――を変更すれば違う生地がつくれる。[39] が、クエット・セルはそれの代わりに外筒と内筒からなるシリンダーを使う。内筒は混合物が加熱・冷却されているあいだ回転し、蛋白質を引き伸ばしてやはり繊維状の構造へと変える。ヨーロッパの研究者らによれば、この装置は押出成形に比べてエネルギー効率がよく、できあがるものもより肉らしくなるという。[40]

ヨーロッパの企業はルピナスも使う。これは豆の一種で、アメリカでは何より地中海風スナックとして知られている。多くの点で大豆に似るが、大豆は欧米圏の一般的な食事で多用されていることと、健康リスクがあるとの噂とが原因でひどく悪いもののようにみられてきた。科学界は基本的にこれらの懸念を根拠薄弱として否認している――むしろ大豆は大いに健康上の効用があると証明されている――が、ルピナスならば否定的な先入観を避けられるのがよい。[41]また、ルピナスは大豆よりも寒い気候で育てられるため、ヨーロッパの多くの地域で地場生産できる。農薬、肥料、遺伝子組み換え技術を用いずとも栽培はたやすい（ヨーロッパでは遺伝子組み換え作物への反発がアメリカよりもはるかに強い）。ルピナスは蛋白質・食物繊維・抗酸化物質の含有量も大豆を上回る。いくつか短所はあるかもしれない。一エーカー当たりの収量は少なく、現在のルピナスはそのせいで値が張り、入手が難しいこともある。[42]それでも、ルピナスの応用可能性をさらに模索することは植物肉生産の観点からみて好手と思える。

植物性食品業界は充分な大きさに成長したので独自の業界団体もできた。植物性食品協会がそれで、創設は二〇一六年、創設者は食料政策関連の仕事で二〇年以上の経験を持つ公衆衛生弁護士、ミシェル・サイモンだった。[43]

現時点での成長度をみれば、非動物性食品は動物性食品に比してほんのわずかな市場シェアしか占めないので、どの会社のアプローチが最も効果的かは判断しがたい。有望さが勝るのはどれか――インポッシブル・フーズのメディア重視型・技術重視型アプローチか、ハングリー・プラネットの最小主義か。ルピナスの技術か、大豆のそれか。また、私たちは限られた力を事業や技術へ直接向けるよりも業界団体へ向けるべきなのか。

目下、最良のアプローチは多様化と革新に尽きるのかもしれない。見逃されている機会に気づいた事業家や科学者は、挑戦してみればよい。色々な戦略を試して、手ごたえがあればそれを確かなものにしよう。

倒せないなら手を組もう

食品業界の大御所は革新と道徳的進歩の敵とみなすほうが簡単かもしれない。大手の食品企業が従来の肉・乳・卵を購入する最大の顧客なのは確かである。しかし社会運動が成功するには経済的・政治的・社会的・等々の資源が必要であり、これらの企業は莫大な資源を有している。大手は資金、工場、一流のシェフや食品専門家、販路、その他、農場から大衆へ食品を届けるのに欠かせない道具類を有している。もしこれらの会社が非動物性食品産業の後援に乗り出したら、後者が畜産業界の力の一端を得られるばかりでなく、他の活動に向けられる投資、つまりは動物性食品の生産に回される投資が減る結果にもなる。言い換えれば、圧倒的な資金力を持つ肉・乳・卵業界を崩し去るよりも、それらを非動物性食品の生産へ向かわせるほうが簡単だろうということである。

すでに食品大手からの投資は前例があり、二〇一六年にはパット・ブラウンが営むナッツ製のチーズ・ヨーグルト会社カイト・ヒルがゼネラル・ミルズのベンチャー投資を受けた。[44] 同年に最も有名なアメリカの食肉会社タイソン・フーズは、ビヨンド・ミートの株式の五パーセントを購入した(金額は非公開)。タイソンのCEOは後に、植物肉が肉の未来だろうと語っている。[45] ビヨンド・ミートのCEOイーサン・ブラウンは、タイソンの投資を促した決定について公開書簡で説明した。いわく、ビヨンド・ミートの「最も熱烈な支持者」はこの提携を不愉快に感じるかもしれず、現にタイソン幹部の「信念は動物に関する点で「ブラウン自身の考え方と」相容れない」が、どちらの企業も持続可能な蛋白質と新機軸に関心を寄せるのは同じであり、また「アメリカ人の食事の五食中二食に関わっている」タイソンの影響力は無視できない、と。[46] 事実、かのユニリーバでさえ、ジャスト・マヨの反対に精を出して失敗したすぐ後には流れに便乗し、自社製の卵不使用マヨネーズを発売した。この商品には「心を込めたドレッシング&サンドイッチ・スプレッド」という用心深いラベルが付され、中央に「ビーガン」の文字が銘打たれた。[47]

植物性食品の世界で忘れられがちな牽引者が、ホールフーズとそのビーガンのCEOジョン・マッケイである。同社はジャスト・マヨを初めて販売した小売店であり、ハンプトン・クリークの成功に欠かせない役回りを演じた。さらにビヨンド・バーガーを販売した店としても初であり、ビヨンド・ミートが全国的なメディアの注目と驚くべき売上げに浴するきっかけをつくった。最初の店舗に並んだバーガーは一時間で売り切れた。[48] また、ホールフーズは畜産利用される動物の利益を考え、優れた動物福祉規格を導入した点でも先駆的だった。その世界動物パートナーシップ五段階評価プログラムはアメリカ屈指の有用性を誇るといわれる――もっとも、潜入調査は同規格とその実施が依然として欠陥だらけであることを示唆しているが。[49]

ホールフーズその他の小売店がひそかに自社ブランドの植物肉や植物乳を開発してきたことは見落とされやすい。それらの商品は普通、メディアの注目や新技術の点で新しい境地を拓きはしないものの、植物性食品の摂取量を増やしたい消費者にとっては手頃で良質な食べものとなる。ウェグマンズというニューイングランドの食料品店チェーンは、店舗数こそ九五軒と少ないが、幅広い自社製の非動物性チキンナゲットや細切り牛肉もどき等々を取り揃えている。[50]

大物投資家たちも従来の動物性食品は別のものに変わっていくと読んでいる。この分野の代表格は、ベジタリアン歴が長いイギリスの大物投資家ジェレミー・コラーである。五〇歳の誕生日に、コラーは成功街道を歩んで蓄えた影響力を野心的な目標に投じる決心をした――四〇年以内に工場式畜産を終わらせることである。[51]そこで彼は二〇一五年、畜産動物投資リスク&リターン（FAIRR）構想を立ち上げ、「工場式畜産の世界的急成長に伴う重大なリスクに関し、投資家の認識を高める目標」を掲げた。二〇一七年七月の段階で、FAIRRの運用資産は三兆八〇〇〇億ドルにのぼったが、これは全て、資産保有者が投資先を決める際、環境問題・社会問題・管理問題としてみた農用動物福祉の配慮に当てられる。[52]

同じく、二〇一六年にはタイソン・フーズの投資家たちも一丸となって、会社にサプライ・チェーンの動物福祉問題と植物性食品の人気上昇に向き合うよう求めた。[53]その圧力が背景となって同社はビヨンド・ミートへの投資を決めたとも考えられる。これらの大口投資家がしたがう先導役には「ビーガン・マフィア」の通称で知られる小集団の開拓者らもいて、こちらはフィフティ・イヤーズやストレイ・ドッグ・キャピタルなど、二〇一五年以来この生まれたての産業を育ててきた献身的な初期の資金提供者からなる。

実のところ、タイソンの動向を追えば農用動物運動の大局的な発展とその未来がみえてくる。同社は二〇〇〇年代から続くあまたの潜入調査や抗議キャンペーンの標的だった。が、植物肉に投資した最初の大手食肉会社でもある。数年のうちにタイソンは蛋白質の未来へ向けた挑戦の旗手となり、ビヨンド・ミートのような新企業の発明を量産に応用するかもしれない。非動物性食品業界の代表者らに、どんな進展が最もわくわくするかと尋ねたところ、一番多かったのは食品大手が興味を示すこと、という答えだった。非動物性食品が従来型産業の市場シェアで大きなパイを占めるとしたら、それが最も考えやすいシナリオである。

第4章 植物性食品の勝利への道のり

今日の非動物性食品部門を築くには、優秀な企業と印象的な商品があるだけで充分だったが、今後、世界の動物消費を大幅に改めていくならそれ以上が要される。畜産業が規制や産業ネットワークに喰い込んでいる状況、今日の消費者を動物搾取産物の摂取という習慣につなぎとめるバイアスも克服しなければならない。また、異なる市場戦略の比較検討も必要となる。非動物性食品の企業は小規模で最高の倫理的水準に留まるべきか、それとも拡張を狙って企業の使命を損ないかねない大御所の投資家を呼び込むべきか。開発に力を注ぐべきは魚肉や鶏肉のように最悪の苦しみを伴う食品に取って代わるものか、チーズやミルクのように製造が簡単なものか。

これらの問いに挑んで業界の成長を確かなものとするには、未来を見据えた非営利の組織や個人が運動内に存在し、技術開発と市民対話をつなぐことが欠かせない。こうした活動は諸企業が短期で影響力を付けるうえでも、独自の仕方で畜産業界に対抗できる競争産業を形づくるうえでも役に立つ。この観点で最大の貢献をなした組織といえば、グッド・フード研究所（GFI／Good Food

Institute）を措いてほかにない。

新興産業の説得

GFIは潜入調査の牽引役として先にみた団体、マーシー・フォー・アニマルズ（MFA）の着想から生まれた。効果的な利他主義の原則にしたがうMFAは、影響力を増すために絶えず事業の再評価を行ない、必要に応じて戦略を変える。二〇一四年を迎えた頃、同組織は社会変革活動だけで現在の破綻した食品システムを正せるのか、疑いを強めていた。

MFAの見方では、非動物性食品を求める活動は二〇〇〇年頃からアメリカで勢いを得たが、その後の一〇年間で畜産物の消費が減ったかといえば、期待したほどでもなかった。それどころか消費量は実際のところ、かつての急激な上昇傾向から横ばいになったにすぎず、かたやブラジル・中国・インドなどの他国では消費量が激増している。これらの国々がアメリカの軌跡をたどって工場式畜産の泥沼に嵌まれば、動物の苦しみ、資源枯渇、公衆衛生の危機といった同じ悲劇に見舞われる。

MFAの戦略で鍵となるのは、工場式畜産に反対する人々の消費行動がその意思に追い付いていない、という洞察だった。よってこの溝を埋めることは賢い活動家にとって手頃な目標となりうる。ネイサン・ランクル、ニック・クーニー、デレク・クーンズを中心に、指導部が一年半の研究を行なった末、MFAは非動物性畜産物の開発と製造を後援する新しい非営利組織の育成を決定する。この新組織は伝統的な活動が人々の消費行動に的を定めていたのに対し、事業活動と食品技術に狙いを定める。非動物性食品の需要を高める点で、活動家たちは大きな前進を達成したが、GFIは非動物性食品の供給を増やすという比較的看過されやすい戦略により多くの力を注ぐ前提から出発した。

MFAはこの計画を主導する卓越した専務理事を迎えなければならなかった。そこで目に留まったのが、ベテランの動物擁護団体指導者ブルース・フリードリッヒである。この時点で、彼は「動物の倫理的扱いを求める人々の会」の国際草の根キャンペーン副総裁を一三年、ファーム・サンクチュアリの政策・活動担当理事を四年務めていた。現在のフリードリッヒはその冴えた頭脳と戦略思考によって動物保護界隈に名を知られている。『動物活動家ハンドブック』の共著者でもあり、いわゆる「人道的」畜産の応援を避けるべき理由を説いたエッセイは、ベジタリアニズムに関する最も有名な本の一つ、『イーティング・アニマル』に収録された。

フリードリッヒは数十年前から、変革を起こすためにあらゆる手を尽くす姿勢で知られていた。一九九三年にはワシントンDCにあるカトリックの野宿者宿泊施設と貧困者用給仕施設を訪れ、著名な司祭のフィリップ・ベリガン、ジョン・ディアを含む三名の平和活動家とともに、聖書イザヤ書の「剣を鋤(すき)に」という一節にもとづく非暴力活動を決行した。一行は水辺と荒れ地を突き進み、何百もの空軍人員の目をかすめて、核戦闘機F-15Eストライク・イーグルのところまでやってきた。続いて戦闘機をハンマーで壊し、血を塗り付ける。その横にかれらは「鋤の刃」運動に属する平和活動家としての趣意書と、「武器を捨てて生き延びよう」と書かれたバナーを並べた。

案の定、かれらはすぐに逮捕・告発され、裁判で有罪となった。フリードリッヒの言い分を聞いた陪審はわずか六分で判決を言い渡した。一五ヵ月の収監、三年の保護観察、二七〇〇ドルの損害賠償が彼に科された。[1]

他者救済のためにフリードリッヒがなした最大の決断は、実のところ、この対決的・挑発的な戦術からＧＦＩの企業アプローチへと鞍替えしたことである。工場式畜産ほどの重大な道徳的犯罪を前にすれば、私たちは声を大にして思い切った行動を起こしたくもなるだろう。それが相応というものである。が、それは動物たちが必要としていることとは限らない。助けたい者たちにとって何が最善かを探ろうと思えば、証拠（エビデンス）と理性を用い、限られた力を割り振る最善策を見つけ出すことが欠かせない。フリードリッヒはそれを考え、本能的直感に逆らう必要があると結論した。彼はハンマーを置いてスーツをまとった。人によってはこのアプローチに異を唱え、これまでに得られた証拠から判断するなら徹底した行動がよく、穏健な態度はよくないと結論づけるかもしれないが、いずれにせよ重要なのは、活動家が心と頭の双方を使って証拠にもとづく決定を行なうことである。

創設以来、ＧＦＩは非動物性食品業界と科学者・投資家・事業家・その他の改革者を結び付けてきた。最初期の取り組みの一つはこの分野の地図を作成することだったが、そこで用いた技術成熟度評価という方法論はＮＡＳＡの開発によるもので、現在は各分野の発展状況を把握・評価したい組織の援助用に、さまざまな政府機関がこれを使っている。ＧＦＩはこの業界にメディアの好意的な関心を向けさせる役割も担ってきた。創設された年に同組織は『ワシントン・ポスト』『ワイアード』『ロサンゼルス・タイムズ』「ＶＩＣＥ」の特集や社説に載った。[2] 二〇一六年初頭には培養肉（動物を殺さずにつくる本物の肉）を開発する新企業メンフィス・ミーツの創業を助け、同社が『ウォールストリート・ジャーナル』その他の大手メディアに取り上げられるきっかけをつくった。[3]

MFAはGFIを立ち上げる一方、第二の組織である二五〇〇万ドルのベンチャー・キャピタル・ファンド、新作物キャピタル（NCC／New Crop Capital）をつくっていた。NCCは畜産業界の解体に従事する企業への初期投資に注力し、GFIの後援を受けるメンフィス・ミーツその他に資金を提供してきた。この二組織の連携は非動物性食品企業の成長と繁栄にとって理想に近い環境を整えている。

どの商品が先決か

この運動が直面する問いの一つは、どの商品から手を付けるか、である。牛肉か、鶏肉か、乳製品か、卵か、あるいは食品以外の皮革などか。これはつまらない問題に思えるが、実はこのいずれを選ぶかによって世界への貢献度は大きく変わってくる。

まずは各商品の生産に伴う害を評価するために、以下を考え合わせる必要がある。第一に、動物ごとのカロリー（牛から得られる肉は鶏のそれよりもはるかに多い）。第二に、飼養される動物の生存期間。第三に「弾力性」という経済学的因子だが、これは一定量の需要変化がどれだけ生産に影響するかの試算を表す。これらを総合すると次の結果が得られる。五〇〇カロリーを生産する場合、鶏肉であれば工場式畜産場やそれに類する環境で動物を推定平均三・〇日飼養する必要がある。七面鳥肉なら〇・八日、バタリーケージの卵なら六・三日、養殖魚なら魚種や場所によって大体二七・五日から一五九・一日となる。[4] かたや驚きかもしれないが、同量のカロリーを含む牛肉は飼養期間に換算すれば三・八時間、豚肉は七・六時間、牛乳は一七・五分に相当する。[5] 傾向としては、消費する動物が小さいほど、同量のカロリー生産に多くの動物が必要となり、苦しみも大きくなる。

これとともに、各動物の飼養・移送・屠殺時における扱いや、環境と人の健康に関わる問題点も考えたい。これらの計算は本書の範疇を超えるが、結論としては畜産物の害はほぼ同程度で、やはり動物の大きさが決定的な要素になると思われる。

動物の大きさに関する法則で例外となるのは二枚貝、特に牡蠣（かき）やムール貝である。この二種は定義上動物に属するが、一般に意識と関連づけられる行動や神経構造はほとんどみられない。むしろ二枚貝は植物に似て、一カ所に留まり、環境に対して比較的単純に反応する。そのため、ある人々はよく考えて「二枚貝ビーガン」、つまり例外的に二枚貝を食べるビーガンを名乗る。* 食べるのは大抵、牡蠣とムール貝のみで、理由はこの貝類が移動せず、情感を持っているとは考えにくいことによる。

＊ 訳者は日本のビーガンを多数知るが、「二枚貝ビーガン」を名乗る人物は見たことがない。二枚貝を食べる人々はそもそもビーガンを名乗らない。欧米圏では一般に情感を有することが道徳的に配慮すべき存在の条件とされる（情感を有さないということは快苦を感じない、つまり利害を持ちえないことを意味するので、道徳的配慮は無意味になるとみなされる）が、この辺りの事情は文化圏によって差があると考えられる。

害に加え、社会的・技術的・調理的要素も考えなくてはならない。たとえばビーガンをめざす人が挫折の理由としてよく挙げるのは乳製品、特にチーズであることがわかっている。そしてマヨネーズをはじめ乳製品や卵製品のいくつかは、組成が均一で非動物性の調味料（レモン果汁など）を多用するため、植物でつくるのが至極たやすい。したがってそこから始めれば植物性食品の地盤をより容易に築けるかもしれない。消費者のほうも、動物成分ばかりの状況が変わればそれらの食品を置き換えることに抵抗がなくなると考えられる。それは食品以外の、たとえば植物性レザーでできた靴の選択などにもいえるだろう。

総合すると、この運動で優先すべきは弊害が莫大な魚肉・鶏肉・卵の消費を減らすこととなるだろう。しかしあと数年は植物性食品がまだ市場での地位を固めている段階ということで、調理と技術の観点からみてはるかにつくりやすい乳・卵製品に注力するのが理に適う。

心にしたがうか影響力を求めるか

一九七〇年に、髪を伸ばした髭（ひげ）だらけのベジタリアン青年四人組が、南カリフォルニアで目的を探し求めていた――ボブ・ゴールドバーグ、ポール・ルーイン、マイケル・ベサンソン、スペンサー・ウィンドビールである。ベサンソンはこの少し前に、「精神エネルギーが集まる場所と信じられている」北カリフォルニアのシャスタ山を訪れたところだった。[6] この旅と自然派食品の会合で刺激を受けた彼は、ロサンゼルスにある健康食品店の一角でベジタリアン軽食堂を始めようと思いついた（店の創業主は元オリンピック水泳選手の俳優ジョニー・ワイズミュラーで、彼は一九三〇年代から四〇年代に映画でターザンを演じた）。[7]

一九七三年にくだんの食品店が売りに出されると、先の四人がこれを買って、棚から肉製品を一掃する目標を立てた。店はフォロー・ザ・ハート〔「心にしたがおう」の意〕に改称された。反対がありながらも成功はすぐに訪れる。ゴールドバーグいわく「すぐ撃沈するかと思いきや大成功を収めました。誰も把握していなかったのは、そういう［肉］製品に近づきたくない人にとって、何でも食べられるお店へいくことがどれほど快適かという点だったのだろうと思います」[8]。

店に卵不使用マヨネーズを供給していた業者がつぶれると、ゴールドバーグは代替品の開発に取り掛かった。これはビーガンのロングセラー商品かつフォロー・ザ・ハートの看板商品、ベジネーズになる。開発チームは続いて他の製品開発にも取り組み、やがて会社の主眼は製品開発へと移った。

今日、その商品ラインナップにはブロックチーズ、シュレッドチーズ、クリームチーズ、ランチドレッシング、ブルーチーズ・ドレッシング、その他の植物性乳製品が名を連ねる。狙うのは遺伝子組み換え・グルテン・大豆不使用の有機食品を欲する健康志向の消費者である。生産施設はアース・アイランドの名を持ち、電力は屋上に並ぶ太陽パネルでまかなう[9]。二〇一六年にゴールドバーグが記者に向けて語ったところでは、卵を植物性蛋白質で置き換える着想は夢で得たという[10]。

フォロー・ザ・ハートは重要な革新を続けている。二〇一五年に発売した新製品ビーガンエッグは、藻類からつくられた現時点で最高と思われる非動物性の卵で、スクランブルやオムレツによく使われる。会社が成功しても、ゴールドバーグは非動物性食品の需要増に便乗したがる外部の投資家からの申し出を全て断ってきた。「会社を成長させつつ理念を維持するのは非常に難しいことです。

そして私はまさにそれをめざしています」と彼は言う。[11]

筆者が電話で話したときも、ゴールドバーグが純粋さと質の良さに重きをおいていることはしみじみと感じられた。彼がフォロー・ザ・ハートを健全で汚点のない企業にしようと尽力しているのは明らかで、過去数十年のビーガンらは総じてそれをありがたく思っていた。しかしながら、畜産業の害を減らすという点でこの会社がどれだけの影響力を持ちうるかを考えると、純粋さにこだわる彼の姿勢は、食品システムに多大な代償をもたらすように思えてならない。成長重視の姿勢がいくらか理念の犠牲を伴うとしても――この点は正直判断しかねるが――、新しい顧客層を得て会社の思いやり思想が広まれば、食品システムに組み込まれた絶望的な動物たちの視点に立つかぎり、くだんの損失は補って余りあるだろう。フォロー・ザ・ハートのような理念重視の企業は過去数十年にわたり、乳製品に飢える裕福なビーガンらの救いだったが、そのアプローチによって失われたものは大きかったかもしれない。見捨てられた動物たちにとって私たちが純粋かどうかは関係ない。動物たちはどんな形であれ、ただ苦しみから自由になりたいのである。

一部の活動家は、最終目標に関し何らかの妥協をすること（たとえば有機食品システムを求めながら非有機の成分を使うなど）が、理想への到達を難しくしかねないと危惧する。また、急進主義が人々の議論を前に進めるとして、これを擁護する意見もある。が、私見では急進的な目標を掲げつつ、現実的で時に部分的な解決を支持するという、どちらにとっても最良の道があるように思える。

職人芸を売りにして大きな変革構想を描くもう一つの企業として、ミヨコズキッチンが挙げられる。創設者兼代表のミヨコ・シナーは日本に住んでいた幼少時代、多くの乳製品を摂らなかった。

八歳でアメリカへ引っ越した後のある日、友人のパーティーでピザを食べることになった。本人によれば、これで「本物のアメリカ人」になれると思ってわくわくしたという。当初はべたつく油ぎったチーズが嫌いだったが、多くのアメリカ人と同じく、彼女もすぐやみつきになった。昼食に持っていく焼き飯と日本風の弁当はカリフォルニアの学生にとって風変わりな代物だったので、母は夫のために隣人からアメリカ料理のつくり方を教わった。

シナーは倫理的理由からベジタリアンになり、大学を卒業して日本へ戻った後、健康を理由にビーガンへと変わった。この頃の彼女はフランス料理とイタリア料理に興味があったので、その分野から学んだことを活かし、非動物性食品事業で成功と失敗を重ねた後、植物性のパンづくり、さらにチーズ製造を始めようと決めた。[12] 今は動物性チーズの生産と同じ要領で、微生物培養によってナッツを醱酵させ、糖分を酸に分解する方法を用いている。ここに植物性チーズの製造と動物性チーズのそれを分かつ大きな違いがある――材料となる脂肪・蛋白質・炭水化物が、動物の乳液由来か、ナッツのような植物成分由来か。微生物の種類、熟成時間、植物性の油や澱粉（でんぷん）の添加によってチーズにはさまざまな違いが生まれ、多くはモッツァレラやブリーのようなよく知られたチーズに劣らない。

二〇一七年二月、月一〇万個のチーズを生産していたシナーは、価格と栄養の点で平均的な動物性チーズにより近づける自社製チーズを発売しようと考えていた。[13] シナーは自分の会社を自動車会社のテスラのようなものと位置づける。テスラは数年前に高級車のロードスターを発表してデビューを果たし、最近になって小売価格を落とし始めた。ミヨコズキッチンもゆくゆくは今日の職人的チーズよりも安いブロックチーズをつくる予定だが、それもやはり高級食材にはなる。シナーによればシュレッド型やスライス型をつくる気はなく、材料は常に有機とする。

今日の食品システムに大きな変革を起こすには多様な企業やアプローチが必要となる、という点でシナーと筆者は一致している。現今の酪農業がそうであるように、商品は高品質、低品質、その中間に分かれる。しかし野心ある事業家・投資家・研究者は、すでにミヨコズキッチンやフォロー・ザ・ハート、その他多くの企業が飛び抜けて高級な商品をつくっていることを念頭に置いておくとよいだろう。こうした職人的企業はそれなりの影響力を持っているが、いま最も必要とされているのは、私たちが消費するものの大部分を占める主流の畜産物を植物性の代替品に置き換えようとする人々なのだ、と筆者は考える。

表示、販売、棚分類

職人的なそれも含め、植物性食品の浸透を遅らせると思われる一つの障壁は表示である。カリフォルニア州公衆衛生局がシナーの生産施設を点検したとき、同局職員は商品が風味のみにもとづき、「熟成イングリッシュ・フレッシュ・ファームハウス」などの表示を付されていることに気づいた。これではチーズに分類しかねるので、同局は実際の商品名を彼女に尋ねた。シナーはその場で、商品を培養ナッツ製品と呼ぶことに決めた。

とっさの決定だったが、この商品名は定着した。もっとも、現在のシナーは可能ならば一般的な乳製品の名を自社製品に付ける方針でいる。たとえば、同社が二〇一六年に最初のバターを発売したときは、正々堂々、名称を「ヨーロッパ流培養ビーガン・バター」とした。「ビーガン」という言葉が使われているが、これは「バター」の但し書きというよりも、「ビーガンの旗印を高く掲げたい」というシナーの思いを表している。

植物乳の生産者はすでに法的問題に直面している。食品規格は乳／ミルクをこう定義する。「一頭以上の健康な牛の完全搾乳によって得られる乳液で、初乳は実質的に含まない。脂肪分の一部を分離することで、濃縮乳・還元乳・全脂粉乳などに浄化・調整されることもある。濃縮型・乾燥型を戻す目的から、時に充分量の水が加えられる[14]」。

これらの法律は消費者が容易に異なる食品を識別できるために必要となる。たとえばケチャップを定義する基準がなければ、私たちは不適切な成分や生産工程からなるケチャップを売りさばこうとする業者に絶えず目を光らせなければならない。

産業化以前の世界では、食品偽装ははるかに難しかった。生産者が足りない成分を別のもので補える状況は珍しく、消費者のほとんどはみずから食べものを育てるか、地元の農家を知っていた。パン焼き場、畑、さらには屠殺場も、その気になればまめに視察することができた。そんな時代であっても、食品は規制の対象だった。古代ローマではパンが等級に分かれて売られ、等級が上がれば質と値段も高くなった[15]。元々は商人らが非公式に行なっていたことだが、西暦四三八年のテオドシウス法典がこれを義務化した。パンの等級を偽れば「最高の刑罰」を下されかねなかった[16]。

こうしたことは今日も続いている。二〇一一年には二人のスペイン人経営者が、ひまわり油七、八〇パーセントの「オリーブ油」を売っていたことで禁錮刑を言い渡された。[17] 二〇〇八年には中国の偽装業者が乳児用調製粉乳とする牛乳に水を加え、化学物質のメラミンを使って試験時の見かけ上の蛋白質量を水増ししていることが発覚した。三〇万人近くの乳児が病気になり、約五万三〇〇〇人が入院し、六人が死亡した。一一カ国がこの事件を受けて中国からの乳製品輸入を停止した。[18]

このような利益に駆られた食品犯罪を考えれば、厳しい表示基準の採用には充分な意義が認められる。が、畜産業界は法律の意図を歪めて儲けを増やそうと試みてきた。「豆乳」を例に挙げてみよう。これは大豆でできた白い乳状の飲料を指す商品名として定着している。「豆乳」が大豆風味の牛乳を指すのかと混乱する人がいるとは聞いたこともない。にもかかわらず、酪農業界は植物乳の生産者が「乳／ミルク」という言葉を使い、商品を豆乳やアーモンドミルクと称するのをやめさせようと立ち回っている。酪農業界が識別規格の適用を求めるのは、単に新参者の競合相手を挫(くじ)こうとしてのことに思える。と同時に、牛乳業界は他の畜産物も裏切ろうとしているように窺われる。乳／ミルクの定義は牛由来という限定を含むので、ヤギの乳腺から得られる飲料はヤギジュース等の名で呼ばなければならないことになる。

この手の表示規制は酪農が盛んな州の国会議員によって支持されている。本書執筆中の現時点では、他の立法府議員による支持はほとんどみられないが、この件は産業がいかに政策を左右するかを物語っている。が、これは同時に、非動物性の肉・乳・卵が少なくとも一部の州で経済の重要な一角を担うようになった暁には、そうした食品に対する支持を得られるだろうとの期待をも抱かせる。[19]

もとを正せば、人々の認識する「乳／ミルク」がもはや時代遅れの定義と噛み合わなくなったのであり、食品規格を改めてその実情を反映する必要がある。農業州の国会議員が二〇一六年から一七年にかけ、用語の厳格な定義を適用させようと努めていたことがメディアで報じられたが、その記事では提案された規則変更の議論よりも植物乳の人気上昇に関する議論のほうに多くの紙面が割かれた。『ロサンゼルス・タイムズ』の編集委員会は『『ミルク』飲んだ？　酪農家、模倣者に激怒――だが消費者は狙いを知っている」との見出しを用い、ヤフーファイナンスは「酪農家、『ミルク』をめぐる戦いに敗北中」と報じた。[20]

二〇一五年、植物乳の成長は九パーセントを記録し、牛乳の売上げは七パーセント下降、植物乳市場の規模は従来の乳市場の一〇パーセントに達した。酪農業界は脅威を感じ、あらゆる攻撃に打って出ている。[21]

植物乳は市場に出回る非動物性食品のなかで最高の成果を上げてきたが、栄養の観点からいえば畜産物とのギャップが最も大きい。動物乳に比肩するだけの蛋白質を含むのは大豆が唯一である。植物乳は概して動物乳よりも糖分が少ないが、動物性のものとほぼ同量の砂糖を含む味付け商品のほうが一般的となっている。植物乳に添加されたカルシウム等の栄養は動物乳に比べ人体に吸収されにくいと危惧する人々もいるが、他の見解によればこれは誤解で、吸収率はさして変わらないという。[22]

肉市場に目を移すと、優れた植物性食品は栄養面・調理面とも動物性のものに迫っている。ビヨンド・ミートのCEOイーサン・ブラウンは、自社製品を「肉」と呼ぶのが妥当だと論じる。テレビタレントのドクター・オズによるインタビューで彼は説明した。「植物肉という言葉は積極的に使いたいですね。それで私どもが行なっているのは、肉の重要な構成要素を全て取り出すことです。植物から直接取り出す――基本的には蛋白質・脂肪・水です。これらを肉もしくは筋肉の構造に固めて、その形で消費者に提供する。つまり構成要素の点でいえばこれは肉なのです。動物由来ではないというだけで」。

唯一の違いはビヨンド・バーガーの栄養学的利点だとブラウンは言う。たとえば動物肉の共通要素でありながら味や食感には特に影響しないコレステロールは、このバーガーに含まれない。[23]「肉」などの言葉が畜産物以外に使われる例は過去にも現在にもみられ、ココナッツ果肉やナッツ果肉、さらには物事の本質を表す「問題の肉（meat of the matter）」という言い回しもある。「ピーナッツバター」や「ココアバター」という言葉もあり、これが消費者を混乱させないのは確かである。植物肉を「フェイク」や「代替」と称しても正確さが増すわけではない。これらの言葉からわかるのは、動物肉が「肉」という概念の絶対的基準とされていて、倫理・健康・味覚に関する特徴も正しく反映せず、常識的に使われる関連語の存在も反映しないという事実である。しかし今から数年または数十年が経てば、タバコケースの注意書きよろしく、消費者に動物性食品の害を知らせるラベルや用語法がみられるようになるかもしれない。すでに「人道的飼育」のような誤解を招く良品ラベルについての規制はあったものの、これは普通、明確なラベルなしで行なわれることであり、たとえば大部分の現代農場とは無縁の美しい農場風景を印刷するなどの形をとる。

総合的にみて、筆者はビヨンド・バーガーを但し書き抜きで「肉」と称するのは妥当性があると考える。他方、豆乳やアーモンドミルク、そして特に、味は良くとも栄養素は大きく異なるココナッツミルクなどの商品が、現時点で植物名を付さずに「乳／ミルク」とのみ称されるのは危ういだろう。ただし忘れてはならないが、それは商品名をめぐる今日の論争において重要な点ではない。いま問題になっているのは、たとえば「アーモンドミルク」と銘打たれ、パッケージにアーモンドの絵が描かれた商品であり、その場合、消費者が自分の買うものを理解していること、および酪農業界は単に下落中の売上げを伸ばそうとするなかで競合する業界に難癖をつけたがっているだけであることは明白に思える。仮に酪農業界が本心から消費者の蛋白質摂取不足を気にしているというのなら、平均的なアメリカ人が消費する蛋白質は推奨栄養所要量（ＲＤＡ）よりもはるかに多く、女性ならばその約一四五パーセント、男性は一七六パーセントに達していることを指摘しておきたい。[24]

また、用語法は生産者が商品についての重要な社会情報を伝える手段になるという点も顧みられてよい。味・歯ごたえ・食感・栄養の面で動物肉と同じ植物性食品を「肉」と呼ぶことにすれば、それら全てが動物虐待・環境破壊・健康への悪影響なしに得られるというメッセージを人々に伝えられる。

これを書いている現在、ビヨンド・ミートは自社製バーガーに「肉」という言葉を使わず「植物性」のラベルを貼っている。イーサン・ブラウンによれば、目下会社が力を注いでいるのは商品を完成形にする作業であり、それが終わって、なおかつ消費者が「肉」という語の使用に賛同しているることが世論データで示されれば、ラベルを変更するかもしれないという。消費者が植物肉になじんでいる途上であることと、現時点での規制問題があまりに煩わしいことを思えば、これは好判断といえるだろう。産業が地盤を築き、人々の態度が変われば、新しい表示は非動物性食品システムへ向かう道の重要な踏み石となるに違いない。

動物性食品への執着を非動物性食品の宣伝に利用する手法は行きすぎることもある。次章で取り上げるスーパーミートという培養肉企業は次のような売り文句を使った。「肉はおいしい！　こんなにおいしければ、きっと食べるのはやめられない」[25]。これは運動にとってマイナスだと筆者は思う。メッセージは簡潔でなければならない。そしてこれを見た人の大半は、ここでいわれる「肉」が実のところ動物由来ではないなどとは想像しないだろう。したとしても、この文句は肉を断つことが損失であるとほのめかしてしまう。しかしさいわい、この手の広告は多くない。

非動物性食品の広告で、害のほうが大きそうに思える例をもう一つ挙げれば、リプル・フーズのそれがある。リプルは先駆的な乳製品会社で、特許を得た蛋白質精製工程によって、植物の風味を伴わずにその蛋白質を抽出する。使うのはハンプトン・クリークがマヨネーズの原料にするのと同じ乾燥エンドウである。リプルはパッケージ前面に蛋白質源を明記せず、「乳成分不使用ミルク」という呼称を用いる。これは豆が一般的なアレルゲンでない分、ナッツ由来のミルクよりもやりやすいが、それより何より、この表示であれば植物で風味を付けた商品ではないという点が強調されるのに加え、原材料を流行の食材に切り替えても問題ない[26]。

総じてリプルは胸躍る企業で、特にその創業者らが二つの環境技術運動を牽引しかつ参照してきた点にそれがいえる。ニール・レニンガーは再生可能燃料の、アダム・ロウリーは持続可能な家庭洗剤の事業である。筆者がサンフランシスコ近郊の社内研究所で話したレニンガーは、再生可能燃料の失敗で奮起したらしく、同じ過ちを避けようとしていた。リプルはおおよそ、うまくやっているように窺える。レニンガーがとりわけ食品技術に手を付けたくなったのは、飲食業界が研究開発にごくわずかな費用、具体的には売上げの一パーセントほどしか割いていなかったからである。他の業界は五から一〇パーセントを割き、革新的なシリコンバレーの企業は多くが二〇から二五パーセントを割いている。つまり、飲食業界には豊饒な革新の余地がある。筆者が試食してみたリプルのミルクとヨーグルトは、今日出回っている動物乳をよく再現しているという点で出色の出来栄えだと思ったが、もう一人の試食者はこの商品を好まず、豆のような味だと言っていた。

リプルについて気になるのは、マーケティング戦略のなかで他の植物性食品をけなす点である。「乳／ミルク」という語の使用制限を目論む酪農業界のキャンペーンに応じ、リプルはウェブサイトを立ち上げてこう言った。

> 酪農業者各位　あなたがたの憤りは理解します。アーモンドミルクは偽物です。蛋白質わずか一グラム、一ボトル中のアーモンドは一握り以下？　それはミルクではありません。カシューミルク、ココナッツミルクはさらに成績不良。蛋白質を全く含まないのです。

このキャンペーンはサイトに八ビットのゲームを載せ、閲覧者がミルクはどのようなものである「べきか」（たとえば「ミルクは糖分を沢山含むべきか」など）に答えていく仕掛けとなっている。質問の横には各種ミルクの順位があり、質問に答えるとリプルの評価が上がっていく。妙なことに、糖分その他の良からぬ成分が欲しいと答えても、ランキングではなおリプルが一等となる。[27]

これはつまらないアプローチだと思う。乳製品の栄養をそのデメリットなしに摂取したい人々にとって、リプルが素晴らしい植物性食品の選択肢なのは間違いないとしても、筆者は非動物性食品業界を運命共同体とみる。現に消費者が栄養面に関し誤解しているのなら――そのようなデータは見たことがないが――啓蒙は有益に違いないが、敵対的な販売キャンペーンで他社商品を攻撃するのは違う。特にレニンガーが言及するように、その誤解が蛋白質に関するものであればなおさらで、そもそもアメリカ人は蛋白質を摂取しすぎている。リプルのようなネガティブ・キャンペーン〔対抗者を貶める戦略〕は、短期的には自社への注目を集め、利益ももたらしうるが、産業全体の長期的な成長、またおそらくはそのキャンペーンを行なった当の企業の成長をも損なう重大なリスクにつながる。

私見では、インポッシブル・フーズCEOのパット・ブラウンも、培養肉を「史上類をみないほどバカげた発想」だと言う点で同じ過ちを犯している。[28] 彼はこの技術の専門家ではなく、同僚である科学者らの多くは見たところはるかに楽観的である。生物体ではなくその細胞から農畜産物を育てる細胞培養の分野で筆者がインタビューした人物の幾人かは、シリコンバレーでの資金調達が難しく、原因は明らかに非動物性食品の分野で影響力のあるパット・ブラウンが、この技術に否定的な見方をしているせいだと語っていた。パットは培養肉に関し「よくても牛と同じ限界に行き当たる」と述べてもいるが、ここからすると彼が培養技術を正しく理解していないのは明らかである――この技術は、まさに動物の生理による限界を克服できるがゆえに期待されているのだから。パット・ブラウンが植物肉の開発に尽力しているのは喜ばしいが、有望な代替技術を一刀両断するのは正当といえない。

表示や広告の問題と同様に、この業界が消費者をうまくゆさぶり既成秩序から脱却させるうえで向き合わなくてはならないと思われる検討事項が、棚の分類と位置、つまり商品を食料品店のどこに置くかである。これは植物乳にみられた驚くべき売上げ成長の鍵でもあった。二〇〇二年、乳製品に特化した食品・飲料大手のディーン・フーズは、人気豆乳ブランドの「シルク」をつくるホワイト・ウェーブを買収した。[29] ディーン・フーズの力によって、シルクは食料品店で置き場を追加させることができた——具体的には、動物乳のすぐ横である。この簡単な変更のおかげで商品ははるかに手に取りやすくなった。そして、私たち消費者は棚の位置ごときに影響されないと信じたがるが、新商品を探すために食料品店を一周しなければならないというのは購入の大きな障壁になる。[30] このような特等席の棚位置を最初に得た植物肉メーカーはビヨンド・ミートであり、現在そのパティはホールフーズの肉コーナーに積まれている。[31]

ベジタリアン料理が外食店のメニュー表でメイン料理の一覧に組み込まれれば、別枠のベジタリアンコーナーにまとめられるよりも売れやすいということも心理学的な証拠がある。こうした変更も、非動物性食品に関わる企業や活動家にとって大事な要素とされるべきだろう。[32]

植物肉屋

これまでにみてきた大手の植物肉企業と並んで、小規模のビジネスも独自の場を築きつつある。

一例としてビーガン姉弟オーブリー・ワルシュとケール・ワルシュの二人組がいる――そう、奇しくも弟の本名はケールである。ある日、友人らと雑談をしていたオーブリーは冗談まじりにビーガン肉屋を開こうかしら、と口にした。その発想が膨らんで、当時まだ三四歳と二二歳だったオーブリーとケールは、協力して二〇一四年六月にミネアポリス農家市場にハービバラス・ブッチャー〔「草食肉屋」の意〕を開店した。

店はたちまち熱烈な支持層を得る。イタリアン・ソーセージやフリフリ・ハワイアン・リブのような逸品に、アメリカ初のビーガン肉屋という魅力も加わり、二人の快活な人柄も人気を高める一因になった。この勢いで姉弟のクラウドファンディング・サイト「キックスターター」には六万ドル超が集まり、レンガ造りの店舗を開くことができた。[33]

キックスターターのキャンペーン後、オーブリーとケールは全米公共ラジオ、『タイム』『テレグラフ』『ガーディアン』等の大手メディア媒体を通し、国境をまたぐ紹介にあずかった。さらには著名なシェフのガイ・フィエリが司会を務める料理番組『食べまくり! ドライブ in USA』でも特集が組まれた。[34]

ハービバラス・ブッチャーは次世代のビヨンド・ミートほどには成長しないかもしれないが、二人の店は反響を追い風にして、地元のコミュニティに加え、オンライン上の顧客やメディア報道の視聴者にも多大な変化をもたらした。非動物性食品の経済が育てば、こういった並みいる小規模ビジネスが入り込む余地も生まれ、それらが集まればあらゆる面で大きな企業に比肩する食品改革運動の一角が形成されうる。なので意欲的な読者は考えてみよう――自分ならどんな事業を考えるか。

第5章 世界初の培養肉バーガー

二〇一三年八月二日の金曜日、オランダの都市マーストリヒトは華氏九四度〔摂氏約三四度〕の記録的な猛暑となった。[1] その日の午後、マーク・ポストはマーストリヒト大学の組織工学研究所から帰路についていたが、バイク後部の冷凍ボックスには約六〇万ドル相当の肉が収められていた。正体は細胞培養した牛肉、つまり動物の体外で細胞から育てた肉を使い、世界で初めてつくられた二つのハンバーガーである。これは週末にロンドンへ送られ、月曜日にテレビで公開試食される。[2] 多くの改革者にとって、この出来事は畜産終焉の始まりと感じられた。

このような肉をつくる技術力自体は新しいものかもしれないが、未来を見据える人々は少なくとも八〇年前からその誕生を読んでいた。ウィンストン・チャーチルは一九三一年のエッセイ「五〇年後の世界」で、「人類は丸々一羽の鶏を育てて胸肉や手羽先を食べるというナンセンスを脱し、それらの部分をしかるべき媒体で別々に育てるようになるだろう」と予言した。この予言を叶える科学的基盤はさらに数十年前の一八八五年、動物学者のヴィルヘルム・ルーが生きた鶏の胚から組織を抽出し、温かい食塩水でそれを数日にわたり維持した試みを原点とする。[3] フランスの外科医アレクシス・カレルは、鶏胚からとった心臓組織の一部を一九一二年から三四年間にわたり生かし続けた。[4]

それから数十年はさしたる進展もなく、チャーチルの予言は外れるかに思えた。それが変わったのは一九七〇年代、研究者らが試験管で筋繊維の培養を始めたときである。研究者らは動物から小さな組織サンプルを採取し、培地――養分と細胞成長用の分子からなる溶液――にそれを置いて、サイズが飛躍的に大きくなるようすを観察した。ラッセル・ロスなどの研究者らはモルモットの大動脈組織でこれを行ない、血栓の形成から心臓発作や卒中に至るアテローム性動脈硬化症の理解に役立てた。[5]

動物体外で人間の消費用に育てる動物細胞を、筆者は「培養肉」と呼ぶが、これは細胞培養肉、試験管肉、ラボ育ちの肉、クリーンミートなどと呼ばれることもある。チャーチルは培養肉が一九八一年には登場しているだろうと予言したが、同年にはまだ人間の消費用として筋繊維の培養に取り組む科学チームはなかった。一九九五年になって初めて、新たな改革者のヴィレム・ファン・エーレンがこの構想に挑み、アメリカ、オランダ、その他の国々で培養肉の特許を申請した。彼は一七歳のとき、兵士として第二次大戦に加わり戦争捕虜になったが、そこで人の甚だしい苦しみをまざまざと目のあたりにした――中でも飢えは、ともに捕虜となった者たちに米を分け与える役目柄、他人事では済まされなかった。看守は動物も虐待していたが、そのやり口は彼自身が受ける仕打ちと同じであり、これが動物の苦しみを減らすという一生涯にわたる関心を芽生えさせた。

釈放後、ファン・エーレンはオランダの大学へ入り、そこで一九一二年にカレルがしたように、試験管で長い肉片を生かし続ける生物学教授に出会った。大学を卒業したファン・エーレンは美術ギャラリーと外食店を営んだが、成人後の大半の時期にわたって培養肉の開発の構想を練り、研究室の試みでいくらか失敗を重ねた後、一九九〇年代後半になって特許を取得した。[6]

次の節目は一九九八年に訪れる。NASAの投資を受けたアメリカの技術者チームが試験管で金魚の肉を培養した。目標は宇宙飛行士を養う方法として培養肉が有効かを調べることである。できあがった魚の切り身はオリーブ油・にんにく・レモン・胡椒を加えてフライにされたが、研究者らは一口もそれを食べなかった。というのもFDAから試食の許可が下りなかったからで、これは食品安全試験がなされていなかったせいと考えられる。主任技術者のモリス・ベンジャミンソンは「見た目も香りもまさに魚の切り身だった」と感想を語った。が、食品の細胞培養は高くつき、あまりに途方もない話に思えるということで、NASAの研究は打ち切りとなる。[7]

食べることが許された最初の培養肉は二〇〇三年、オーストラリアの芸術家オーロン・カッツによる作品の一環でつくられた。二〇〇〇年に羊の胎児の骨細胞から試作モデルの「半生体」ステーキをつくった彼は、三年後、フランスの展覧会ラール・ビオテックにチームで蛙の培養肉を出品し、六人の客に試食させて「命あるものを愛し敬いかつ食べることを可能とするための一種の偽善」に光を当てた。[8] 本作やそれに類する芸術作品は、この魅力的な新技術の可能性を探るものだとして、細胞農業分野の人々から賞賛を受けている。

別の芸術家集団は『試験管肉レシピ』という本をつくり、イラストで「編みもの肉」や肉アイスクリーム等々の珍奇な培養肉料理を紹介した。[9] こうしたアートはこの技術をどこかふざけたもの、破綻した食品システムの有効な解決策というより奇妙な実験のように思わせるのではないかと不安にもなる。とはいえ、可能性を想像するのは面白い。

二〇〇四年、「試験管肉の教父」[10]を自称するファン・エーレンは、培養肉研究の新時代をスタートさせた。独創的な事業家の彼は、オランダのユトレヒト大学ならびにアイントホーフェン工科大学の科学者らに接触し、オランダ政府に研究助成を申請するよう掛け合った。科学者らはこの「非常に天才的な」八一歳の事業家に説得され、政府もまた説得された。[11] ファン・エーレンは食肉業界の専門家ピーター・ヴァーストレートも雇い、研究計画管理者に起用した。

事業が始まった当初、先のマーク・ポストは週に一日、アイントホーフェン工科大学で別の研究を行なっているだけであったが、培養肉計画の担当者が病気になると、喜んでそちらに参入した。ポストは博士課程の学生二人を監督したが、よく見ればこの計画に取り組む他の科学者のほとんどは、食品生産とは別の目標、たとえば細胞培養技術の医療応用などをめざしていた。

やがて報道機関が研究を嗅ぎつけ、発言や情報を求めて科学者にコンタクトをとり始めた。イギリス最大の老舗（しにせ）新聞『サンデー・タイムズ』紙の記者は、二〇〇九年に二人の科学者に接触を図ったあげく、ポストに行き着いた。この思いがけない報道がきっかけとなり、比較的新参者のポストはこれに続く怒濤のようなニュース記事のなかでこの分野の権威として扱われるようになった。

ニュースが湧き返るなか、ポストはロブ・フェザストンホーという人物からEメールを受け取り、また別の記者かと思った。メールはどこから細胞を入手したかなど、研究に関わる一般的な質問を並べ、直接お会いしに伺ってもよいかと尋ねている。これも珍しい相談ではない。二〇一一年五月五日、ポストはフェザストンホーに会い、この分野を拡大する野心的計画について語り合った。ポストがやりたかったのは培養肉への関心を高めるために公開試食を行なうことであり、たとえば何本かのソーセージで試すなどの案が考えられた――これならステーキや豚バラ肉よりは比較的つくりやすい。思い描いたのは、細胞を取った幸せで健やかな豚が試食者と一緒にステージに上るという光景である。そうした催しが開ければ、この技術を洗練化・商業化するのに充分な資金を得られるように思われた。

会話の終わりに嬉しい驚きが待っていた――フェザストンホーはグーグルの共同創設者セルゲイ・ブリンの代理人だったのである。ブリンは世界を変える技術ベンチャーを応援するという使命のもと、公開試食への資金提供に意欲を示した。

結果、ポストとブリンのチームはハンバーガーの試作品をつくる案に落ち着き、牛をステージには上げないことに決めた。[12]が、イベント開催は予期しない問題のために延び延びになった。たとえばハンバーガーの大きさになると肉がうまく固まらない――かつて実験室で作成されていた小さな科学サンプルとはわけが違った。技術者らはそうしたサンプルを何千も揃え、そこから筋繊維を集めて、計およそ四〇〇億の細胞を、赤かぶ、サフラン、パン粉、卵でハンバーガーパティの形に整えた。途方もない作業である。実際、筆者が話した科学者の幾人かは、試作品づくりが至極フラストレーションのたまる作業だと感じていた。労は多く、資金と注目を集めるにはよいとしても、真の科学的知識を生むことにはほとんどつながらない。

組織培養に使う媒体の一つは牛胎児血清であるが、これは牛胎児の血からつくられるもので、倫理的に問題があり、高額にもなる。ひどく高いので、研究には使われるが商業生産には向かない。代わりに研究者らが注目するのは費用のかからない植物性の媒体だが、その改良は今なお盛んに研究されている段階である。

二〇一三年八月五日、ついに試食会の準備が整った。ハンバーガーはこの年最高の猛暑日にバイクで運ばれたにもかかわらず傷んでいなかった。[13] 公開試食はブリンのビデオとともに始まった。彼は人類学者を兼ねる環境保護論者で、世界を変える技術の性質を高らかに宣伝する。ポストにシェフ、それにジャーナリストの試食者二名が、ひまわり油とバターで入念に調理されたバーガーを前に、興奮を分かち合った。そして試食が始まる。長く噛んで出てきた最初の感想は「もっとやわらかいと思っていました」だった。続いて、脂身と薬味が足りていないのでは、という指摘も上がった。が、総評としては「肉に近い」、そして最初の一歩にしては上出来に違いない、というところに落ち着いた――何より、バーガーのパティ自体は筋細胞の塊で、脂肪は含まないのだから。[14]

ニュー・ハーベスト

グッド・フード研究所は二〇一五年以来、植物性食品産業と細胞農業の成長を支えてきたが、非営利団体のニュー・ハーベストは二〇〇四年から細胞農業を後援してきた。ファン・エーレンがこの業界の教父なら、ニュー・ハーベストの創設者ジェイソン・マシーニーは赤子を分娩(ぶんべん)して専門の幼児ケアを施した医師といえる。

二〇〇四年以前、マシーニーはジョンズ・ホプキンス大学で公衆衛生の修士号を取り、世界銀行とグローバル開発センターの顧問を務めた。効果的な利他主義に関心を持つ多くの人々と同じく、彼は大学で触れた功利主義哲学に刺激を受けた。インドの家禽農場を訪れた後、マシーニーは畜産業の問題に挑む必要性を確信する。NASAによる金魚の実験について読み、そこで引用されていた六〇人の著者全員に連絡を取って、大規模な培養肉生産の可能性を論じ合った。

マシーニーの認識では、培養肉は食品生産と医療技術の重なる空白地帯に位置していた（細胞工学研究のほとんどは後者の分野で行なわれる）。これでは研究者が継続的な資金援助と制度的サポートを得るのも難しいということで、マシーニーは後援のため、二〇〇四年にニュー・ハーベストを立ち上げた。

同団体の最初の大きな成果は、ファン・エーレンを手助けし、彼が進める研究への助成をオランダ農業大臣に約束させたことである。二〇〇六年、ニュー・ハーベストは民間の寄付者からも研究応援費を集め、二〇〇八年にはノルウェーで開かれた世界初の国際試験管肉シンポジウムを後援した。ニュー・ハーベストはワークショップの主催や研究の調整を続けた末、二〇一三年に培養肉バーガーの発表を迎えた。何を隠そう、もとを正せばセルゲイ・ブリンに助成対象候補者としてマーク・ポストを紹介したのはニュー・ハーベストだったのである。このとき、マシーニーは効果的な利他主義を貫き、アメリカ政府の知能研究で新たに影響力のある地位に就いていた。ニュー・ハーベストの活動は若いリーダーが引き継いだ。

二〇〇九年、アイシャ・ダタールはアルバータ大学で最終学年を迎え、細胞生物学と分子生物学を学んでいた。院生向けの食肉科学の講義を受けた彼女は、畜産の害を学んで衝撃を受けた。指導教授がニュー・ハーベストのセミナーに参加し、クラスで培養肉の展望について語った後、ダタールはこの主題で期末レポートを著わし、熱意を募らせた。彼女がマシーニーに連絡をとった結果、レポートはマシーニーの力添えで学術誌『革新的食品科学と新興技術』に掲載された。

二〇一三年にダタールが専務理事の座に就くと、ニュー・ハーベストの活動は最高の推進力を得た。彼女が最初に取り組んだことの一つは、培養肉よりも簡単な事業を行なう会社の創設だった――培養牛乳のそれである。ダタールは自身の人脈から、牛を使わず本物の牛乳をつくることに興味を示した二人の人物、先頃タフツ大学を卒業したライアン・パンディヤと、ストーニー大学を卒業したペルーマル・ガンディーに連絡をとった。この若き三名の科学者は、わずか四日のうちに調整を済ませ、バイオ系新企業を対象とする後援プロジェクトに申請を行なわなければならなかった。これが通れば研究室・育成指導・三万ドルの創業資金が得られる。

申請は「ニュー・ハーベスト酪農プロジェクト」の名で通り、三名はすぐに荷物をまとめて夏までにアイルランドへ移ることにした。マーク・ポストのハンバーガーとニュー・ハーベストのワークショップが大きな話題となったおかげで、バイオ系の投資家は流れに乗ろうとしていた。その矢先にジャーナリストがこの事業を知り、メディアが殺到したことでさらに投資家の関心は高まった。研究チームはその後、香港へ渡ってホライゾン・ベンチャーズを訪ねた。同社は香港の大実業家、李嘉誠が出資する投資会社であり、先の章で触れたようにハンプトン・クリークへの投資を行なっている。今はパーフェクト・デイと名を改めた三名の会社は、その後数年のうちに現れた多くの新しい成功企業に勝るほどの注目を一夏で集めた。

パーフェクト・デイは当初、準備期間の後にムーフリという社名で立ち上げられた。同社によれば、牛乳は何と言っても成分に細胞を含まないので培養肉より数段つくりやすい。つまり細胞全体を育てるのではなく、乳蛋白のカゼインと乳清をつくるだけで済む。前者はチーズが持つ中毒性の正体、後者は牛乳製の蛋白質飲料に含まれるといえばわかるだろう。パーフェクト・デイがこれらの蛋白質をつくる工程は、糖尿病用のインスリンやキモシン（子牛の胃から採られる一般的なチーズ原料レンネットの主成分）をつくる方法と同じである。また、同じ技術はインポッシブル・バーガーのヘムをつくる工程でも用いられる。手順としては、カゼイン・乳清・インスリン・キモシン・等々の分子を暗号化した遺伝子を取り出し、酵母菌のような微生物にそれを注入する。微生物は最終産物に含まれないので、最終産物は酪農用に牛を飼って得られる分子と全く同じであり、健康への害を恐れる理由はない。インスリンではこの遺伝子挿入技術のおかげで命を救う薬が至極安価なものとなった。畜産物では同じ技術が破綻した食品システムを正す有効な道具となる。

パーフェクト・デイの創業以前、パンディヤは組織工学技術で人工乳房をつくるという案も思い浮かべたが、酵母を使うほうがはるかに単純で、商業的な前例も豊富だった。この牛乳酵母にはバターカップという名まで付けられた[15]。

二〇一六年、筆者はカリフォルニア州バークレーにあるパーフェクト・デイの本社を訪ねる機会を得た。会社は新しい場所へ移ったばかりで、筆者が正面玄関へ向かう最中も、外壁塗装をする工事人たちの姿がみられた。中はずらりと机が並ぶ典型的なシリコンバレーの新企業本社オフィスだが、その奥には実験台が並んだ高校の化学実験室にそっくりな研究室があった。

パンディヤは高校時代に畜産利用される動物たちの壮絶な苦しみについて学んだ経緯を話してくれた。夕食の料理と動物虐待のつながりに胸をえぐられた彼はベジタリアンになることを考えたものの、周囲の同調圧力に押されて断念した。大学生活に先立つ夏、パンディヤは友人の一人とともにサマーキャンプの監督を務めたが、その友人もベジタリアニズムに関心を持っていた。大学に入ったのを転機に、二人は思い切ってベジタリアンになった。

その秋、パンディヤはジョナサン・サフラン・フォアの『イーティング・アニマル』を読み、動物虐待を意識したベジタリアニズム推奨論は乳・卵の代替にもつながることを認識して「ビーガン志向」へと変わった。一つ妥協していたのは、週に一日、ナスのチーズ焼きを食べることだった。が、食べ終わるごとに彼は、このささやかな甘えが必要かを自問した。大学卒業後、パンディヤは組織工学の講習を受け、非動物性の畜産物をつくれないかと閃(ひらめ)いた。[16] これは食品改革のなかで大きな影響力を持つと思えたが、倫理的動機に加え科学知と事業家精神を要するがゆえに誰も手を付けないかもしれない——が、パンディヤはこの三拍子を兼ね備えている。

パンディヤはニュー・ハーベストに助言を請い、卒業後は研究業務の実績を積むために小さなバイオ企業へ就職した。この会社がワクチン製造で使っていた遺伝子挿入の手法は、パーフェクト・デイが使うことになるそれと同じものだった。パンディヤは非動物性の乳業会社をつくろうとする起業家たちのシェアハウスに加わった。そこで彼はダタールから先の後援プロジェクトの締め切りについて聞き、パーフェクト・デイの共同創設者となるガンディーに引き合わされる。ガンディーはインドで六年生の頃にベジタリアニズムを勧めるチラシを貰ってベジタリアンになった若い科学者である。

　パーフェクト・デイの事務所にある研究室の冷蔵庫には、ヨーグルトのサンプル十数個が小さな瓶に入って並べられている。ビヨンド・ミートやインポッシブル・フーズのバーガーと同じく、筆者はこれを試食したときも粗を探そうとした。私見では、植物性のヨーグルトはもう充分なほどに動物性のそれを模している。強いて違いを挙げるとすれば、このヨーグルトは平均的なそれより脂肪分と濃厚さが勝り、無脂肪乳より全乳に近い。普通、植物性のヨーグルトは健康を意識する消費者を狙い、脂肪分をごく低めに抑える印象がある。インポッシブルに勤める筆者の友人同様、パンディヤは自社製品についてはるかに批判的だった。彼の見積もりでは、パーフェクト・デイは職人的な動物性ヨーグルトの再現をめざす道のりの七合目まで達した。舌で感じる酸味や塩気はおおかた摑んだが、鼻の奥で感じる乳脂の風味はまだまだ足りず、目標とするブランドのリベルテが備える仄かな草の香りは再現しきれなかった。さいわい、食品開発部長のラビ・ジャラは、サージェント、ブルー・バニー、チョバーニといった大手乳製品ブランドの風味部門で一五年の経験を積んできた人物なので、右のような味わいの目標はきっと達成できるだろうと思われる。

　培養畜産物の開発は当初から魔法の解決策とみられていた。二〇〇八年、ＰＥＴＡは手頃な価格の培養鶏肉を量産した科学者チームに一〇〇万ドルの賞金を授与すると宣言した。[17]つい数年前まではその実現を疑う見方がほとんどだったが、培養ハンバーガーとパーフェクト・デイが現れて以降、この取り組みは新たな楽観論に支えられて隆盛を迎えた。改革者の多くは遅々として進まないかに思える社会変革の歩みに苛立ちを覚え、この新技術が工場式畜産の難題を解決すると信じている。

画期的な出来事が続いた後、この分野では新企業が急増した。ダタールとニュー・ハーベストは、関係者のなかからさらに二人の野心的起業家、デビッド・アンチェルとアルトゥーロ・エリゾンドを引き合わせ、二〇一四年に別の事業を始めた。このチームもすぐにサンフランシスコのインディーバイオという後援業者に申請を行なった。当初の事業名は「ニュー・ハーベスト卵プロジェクト」で、パーフェクト・デイと同様の工程を用い、卵白に含まれる主要蛋白質およそ一二種を製造するものだった。申請は通過し、チームは精巧な非動物性のメレンゲを試作して、プログラム終了までに開業資金として一七五万ドルを得た。その会社が現在のクララ・フーズである。[18]

インディーバイオが育てたもう一つの会社ジェルターは、構造蛋白質のコラーゲンをつくる。コラーゲンは結合組織に含まれ、ゼラチンにするのが最も一般的な使い方である。私たちが思い浮かべることは稀だが、この動物成分は三〇億ドルから五〇億ドルの産業を構成する。ジェルターの共同創設者アレックス・ロレスタニいわく、コラーゲンに注目したのはこれが無視されていたのに加え、産業的応用の幅が広く、堅実で漸進的な事業拡張の足場になるという理由からでもあった。コラーゲンは食品のほか、化粧品・薬剤・素材など多様な産業で用いられるが、畜産由来のそれは不純物と欠陥の大規模除去に費用がかかるという悩みがある。細胞農業は純粋で均質な製品をつくる点で優れている。

ロレスタニはリプル・フーズのレニンガーと同じく、過去一〇年におけるバイオ燃料産業の頓挫を踏まえて商業戦略を立て、大きな商品市場を狙うのなら、そこへ至る堅実な商業的成果を積むことが必要だと考える。事実、ジェルターは早くも二〇一七年にコラーゲンの販売を始めた。この事業は同社の今後の展望に資するだけでなく、同様の段階を設けていない食品特化型の細胞農業会社にとって学ぶべき前例となる。

ロレスタニは自分の動機が多くの活動家や事業家のそれとは異なると語った。彼が抱くのは「道徳面・倫理面での憤り」よりも「技術面での憤り」だという。現在の生産方法は、科学的にみれば「必要なもの、嗜好されるものをつくる方法として最も愚かなやり方」だと彼は言った。

小さな細胞農業プロジェクトに取り組むバイオ専門家集団も複数あり、カリフォルニア州の対抗文化研究所とバイオキュリアスが生んだリアル・ビーガン・チーズという事業などが例に挙げられる。これらのコミュニティ研究センターは、若い科学者らを育成し、大きなバイオ事業を創立させるうえで重要な役回りを演じている。[19]

細胞農業は食品システム以外にも応用される。ソシック・バイオサイエンスがつくるのはリムルス変形細胞溶解物（LAL）という、馴染みはないが重要な化合物で、これは医療業界が有害な微生物を見つけ出す試験で使用する。ソシックのような企業が試みに成功しないかぎり、LALはアメリカカブトガニの血液から侵襲的な方法で採取されるが、その規模たるや、早くも二〇一九年にカブトガニを絶滅の危機へ追いやるほどである。[20]

他社は細胞農業を素材産業に応用する。この方面で最も有名なのはモダン・メドウである。同社は元々、肉と皮革の両方に注力していたが、現在は食品開発への道を整える容易なマーケティング用科学プロジェクトとして、皮革の開発に力を入れている。工程では遺伝子挿入を使ってコラーゲンをつくり、それを結合させることで一枚の皮へと仕上げ、動物の皮と同じように鞣し加工を行なう。モダン・メドウは二〇一九年の商業発売を計画しているが、消費者に直接売る予定はないようである。[21]

同じく、ボルト・スレッズとスパイバーは微生物由来の蛋白質で絹製品を開発している。これらはすでに市場に出回っているが、今のところ手頃な価格ではない。ボルト・スレッズが限定版シリーズとして販売したネクタイは一本が三一四ドルの代物だった。[22]

今日の細胞農業界は、多様な産業にまたがる非営利団体・技術者・生物学者・事業家らが、種々の技能と展望を注ぎ込む、興奮に満ちた坩堝である。

培養肉の軍拡競争

目下、腹をすかせた消費者の気を引こうと競い合う主要な培養肉会社は四つある。一つはモサミートで、この会社は先に紹介したマーク・ポストとピーター・ヴァーストレートが研究成果を商業化するために立ち上げた。

二つ目はメンフィス・ミーツである。同社は二〇一六年から一七年にかけ、ミートボール、鶏胸肉、オレンジ風味のアヒル切り身の試作品を動画で紹介し、その拡散に助けられてこの分野における最も有名な企業となった。筆者がメンフィス・ミーツの共同創設者兼ＣＥＯユマ・ヴァレティに初めて会ったのは二〇一五年、サンフランシスコのグーグル本社で開かれた効果的な利他主義の世界大会でのことだった。筆者は動物たちのための効果的な利他主義について発表し、ヴァレティは培養肉について講演した。効果的な利他主義者の多くは、培養肉が世界に善をなす方法として高い費用対効果を持つとみている。

ヴァレティは細胞農業の著名な牽引者で、とりわけ冷静なアプローチを用いる。インド屈指の医学上位校で学を修めた彼は、アメリカの有名病院メイヨー・クリニックで最後の教育を受けるべくビザを申請した。が、申請の拒否が続いたのでジャマイカへ渡り、イギリスで訓練を積む計画を胸に学習を重ねた。そこで将来の妻と出会い、七度目の申請にしてついにビザが認められた。ヴァレティはアメリカへ渡り、心臓病専門医の道を歩んだ（妻は小児眼科医として働く）。

ヴァレティは子供の頃から動物たちを助けたいと思っていた。一二歳のとき、インドで友達の誕生日パーティーに参加したことを覚えているが、その際も前庭の祝いでは鶏肉の串焼きなどが配られる一方、裏庭では幸せな客人らに振る舞う動物たちが殺されていた。ヴァレティは支援者やジャーナリストに話をする際、これを自身の「生誕日にして命日」の経験と呼ぶ。心臓病専門医として幹細胞治療を学び始めた頃、彼の心は動物農業と、動物体外での肉づくりに傾いていった。彼はマシーニーに連絡をとり、結局二〇一三年にはニュー・ハーベストの取締役会に加わる。培養肉事業を始める人の発掘を手伝っていたが、ある日とうとう妻と子供らにこう言われた。「もう随分その話をしているけど。人にやってくださいと頼んでいるよね。自分でやってみたら？」。というわけで彼はシリコンバレーに移り、培養肉会社を立ち上げた。[23]

ヴァレティと組んだ共同創設者の一人、ニコラス・ジェノベーズは、かつてPETAの助成金を受けて培養肉研究に携わっていた人物である。加えて彼は家族の農場で家禽を育てた経験もあった。もう一人の共同創設者ウィル・クレムは、組織工学に携わっていたが二〇一二年にそれをやめ、メンフィス地区でベビー・ジャックズBBQという外食店チェーンの創業と経営を始めた。彼の一族が創業したウィッツ・バーベキューというチェーン店は、アラバマ州とテネシー州に四〇店舗以上を持つので、クレムはメンフィス地区のバーベキュー文化にメンフィス・ミーツの商品を浸透させる点で有利な地位にあった。[24] 前章で論じたように、新しい非動物性食品は、すでにそうしたものを食べている高収入のリベラルを中心とする倫理志向・健康志向の消費者だけでなく、アメリカの大衆消費者を狙う必要がある。

二〇一七年六月、植物性食品の代表企業ハンプトン・クリークが、培養肉開発競争への参戦を宣言した。実のところ同社は細胞農業に携わって一年以上になるが、それはこの分野の研究者や応援者にはよく知られていても、会社が製造工程と発売目途について自信を持てるようになるまでは伏せられていた。実際、ハンプトン・クリークは二〇一八年後期に最初の商品を出すだろうとジャーナリストに語ったが、これは驚きの早さである。メンフィス・ミーツはかつて二〇二一年に最初の商品を発売すると述べていたが、ハンプトン・クリークの宣言があった月に、発売予定を二〇一九年へと繰り上げた。[25]

各社が一番乗りとなって販路と投資と注目を得ようと競っている。この新市場で一つの鍵となるのは、食肉・食品大手に技術を売り込み、そこと共同開発に取り組むことである。先述したように、古い食品会社は培養肉の目新しさとその技術確立までの不確かな道のりを気にして自社改革を厭うこともありうる。が、ひとたび培養肉が市場を賑わせれば、それらの企業も飛び入りしてくるに違いない。市場に参入してタイムリミットに滑り込むのは、実は思うほど難しくない。一つの商品をただ一つのレストランでほんの数日だけ、高値で、しかし赤字覚悟で売るだけでよいということもある。

事業拡張を遂げる段になると、大手の食品会社が技術革新後の生産と流通で新企業に勝るのと同様、ハンプトン・クリークはメンフィス・ミーツのような新しい発展途上の企業よりも優位に立てる。最も重要に思われるのは、ハンプトン・クリークが植物性食品の研究開発を通し、数千もの植物成分を試験・登録する数千万ドル規模の開発基盤を整えていることである。筆者はこの成果に関し、同社の細胞農業責任者エイタン・フィッシャーと話したが、彼も同じ意見で、自分が培養肉開発に取り組む新しい企業を立ち上げるとしたら、まずこれと同じ基盤を整えると語った。その主目的は細胞培養に用いる安価で効率的な培地の開発にある。フィッシャーによれば、この分野に携わる企業のあらゆる費用モデルにおいて、大規模な培養肉生産の妨げとなっているのは、培地なのだという。[26]

フィッシャーは効果的な利他主義者になって久しい人物で、筆者は彼がスタンフォード大学で法学部を修了する頃に出会った。ハンプトン・クリークを立ち上げたジョシュ・バルク、ジョシュ・テトリックの献身と野心を受け継ぐ彼は、落ち着いた聡明な青年で、元々は会社法を学んで給料の多くを動物保護団体に寄付するか、あるいは学問の世界へ進んで動物倫理学のような重要思想を法学生らに教える道を考えていた。ところが細胞農業の可能性を知ったことでフィッシャーは方向を一八〇度変え、食品技術の道を選んだ。彼の見込みでは、ハンプトン・クリークは培養肉を予定よりも早く市場に登場させ、何十億もの動物を救える可能性に満ちていた（これに先立ち、フィッシャーは動物慈善評価局という、筆者も勤めたことのある効果的な利他主義の研究機関を共同創設している）。フィッシャーは名声を求めないが、その献身と才気は食品改革運動を大きく前進させてきた。

ハンプトン・クリークは家禽飼養が最大の倫理的代償を伴うという見地から、家禽肉の培養に重点を置く。フィッシャーいわく、ゆくゆくは「あらゆる肉製品と水産物を覆う多種生物・多種商品の生産拠点」を築きたいとのことである。[27] どの会社が最初に培養肉を販売し、業界の拡大を尻目に先駆者となるかを賭けるとしたら、筆者はハンプトン・クリークを第一候補に選ぶ。もう一つの可能性としては、タイソン・フーズが市場に参入して音頭を取ることも考えられるが、これはハンプトン・クリークのような企業との提携を通して行なわれるだろう。あるいはもう一つの食品大手パーデューがその役を担うこともありうる。事実、ジョシュ・バルクはかつてパーデューの鶏肉供給チェーンにおける動物虐待を調査・告発していたが、二〇一七年には同社と培養肉への投資について交渉を始めた。[28]

四番目の培養肉企業はイスラエルの動物の権利革命から生まれた。過去数年のうちにイスラエルでみられた目覚ましい前進については世界中の運動関係者のあいだでよく語られる。ただ、何がこの成功をもたらしたかは明言しがたい。筆者がイスラエルの活動家たちから聞いたところでは、二〇一一年に二人の動物擁護活動家、ダニエル・アーリッヒとホバーブ・アミールが、アメリカの動物擁護活動家ゲイリー・ヨーロフスキーによる講演のオンライン動画に字幕を付けたのが革命のきっかけだったらしい。『世界で一番重要なスピーチ』という目を引く題の動画は、二〇一〇年にジョージア工科大学で行なわれた講演だった。* ヨーロフスキーは動物の権利運動における有名人で、強い言葉を用いるのが特徴であり、奴隷制やユダヤ人迫害と畜産業を堂々と比べ合わせるうえ、屠殺場を「強制収容所」とまで言う。ヨーロフスキーの動画に字幕を付けた二人の若手活動家は、これをイスラエルで広めようと力を尽くした。街頭でチラシを配り、既存の活動家ネットワークで動画を共有し、さらには豆腐会社を説得してパッケージにヨーロフスキーのサイト情報を印刷してもらった。この動画の拡散がきっかけで運動は世間に広く知られた。著名な食品批評家オーリ・シェイビットはビーガンに転向し、運動の顔になった。ビーガン活動家のタル・ギルボアは、リアリティ競争番組「ビッグ・ブラザー」のイスラエル版で優勝を果たした。[29]**

* ヨーロフスキーの動画は日本語字幕版もある。リンクは以下。https://www.youtube.com/watch?v=zC0ZBv7CH1U（二〇二一年六月二三日アクセス）。

** 「ビッグ・ブラザー」はオランダ発のテレビ企画。外部から隔離された環境で十数人の男女を共同生活させ、そのようすの一部始終をカメラとマイクで捉える。メンバーのなかから隔週ごとに追放される人物が選び出され、最後に残った者が優勝する。

これ以外に、イスラエルで運動が飛躍的な成長を遂げた要因としては何があるだろうか。同国には動物の権利を訴える素地があったように思える。イスラエルの活動家たちは、人々が動物の苦しみに共感しやすい背景としてユダヤ人迫害の歴史があると考える。加えて同国の文化は西欧やアメリカ以上に率直さと強い言葉を尊ぶ。宗教の実践では、他国文化のように「何でも食べる」ではなく、多くの制約を設けるのがごく一般的となっている。ヨーロフスキーの講演が過去十年で形成された活動ネットワークに火をつけると、運動はたちまち野火のごとくイスラエル中に燃え広がった。[30]

二〇一三年にイスラエルの改革者らが培養肉バーガーの話を耳にすると、生物学や工学に明るい者は細胞農業に着手しなければならないと知り、他の若手らも同じきっかけからこの分野に参入した。二〇一四年にはニュー・ハーベストに似た非営利団体、現代農業財団（MAF）がつくられる。この財団は国内のベテラン組織工学者と共同で培養鶏肉の将来性を評価する。鶏肉を選んだのは、やはり養鶏が動物福祉の観点から特に問題となっているからである。

この将来性研究の結果をもとに、MAFはスーパーミートという会社の新設に手を貸した。二〇一七年、同社はこの業界の新企業でも類を見ない楽観的予測を公（おおやけ）にした。それによれば、スーパーミートは近々実用的な植物性の血清代替物を手にして、バラバラの筋繊維ではなく丸々一個の鶏胸肉をつくれるようになるという。[31]

筆者はスーパーミートという社名が食品を変える企業というよりテレビゲームのような印象を与えるのがやや気になるものの、イスラエルの動物の権利運動を背景に持つ同社の展望には期待を寄せている。スーパーミートのクラウドファンディング企画は大成功を収め、大勢のイスラエル民にその商品が待ち望まれていることを明らかにした結果、投資家たちから巨額の資金を集めることができた。[32]

本書執筆中に操業を始めたイスラエルの培養肉企業が、ほかに二つある。フューチャー・ミート・テクノロジーと、ミート・ザ・フューチャーである。どちらの取り組みもほぼ水面下で進められているが、イスラエルの事業家や科学者から非公式に聞くところでは、この二社とスーパーミートは同国の培養肉商業化競争で大きな位置を占めているらしい。

新たに現れたもう一つの培養肉企業フィンレス・フーズは、とりわけなおざりにされていて、しかも動物福祉と持続可能性の観点から有害な食品である水産物に目を付けた。今はまだ零細だが、フィンレスは水産物の分野を牽引する企業として、ハンプトン・クリーク等の会社が家禽肉・牛肉・豚肉の開発によって浴しているような成功と宣伝の波に乗れるかもしれない。魚肉は技術面と事業面でもいくらかの利点がある。陸生動物の細胞が体温に近い環境で維持されなければならないのに対し、魚肉は室温で培養できるので、エネルギーを節約できる。二酸化炭素の制御も必要ない。つくりは単純かつ均質である。そして冒険好きな寿司グルメの存在に代表されるように、実験を好む消費者層を抱えた高級水産物市場がかなりの大きさを持つ。[33] もちろん、陸生動物に目を向けるハンプトン・クリークなどの企業が、持ち合わせる生産基盤を使って魚肉市場へ進出することも可能だろう。

細胞農業会社が急成長するなか、グッド・フード研究所（ＧＦＩ）やニュー・ハーベスト、現代農業財団、フード・フロンティア（オーストラリアで創設中の新しい類似機関）の働きは一層重要性を増している。営利企業は必然的に私利を求めて価格競争へ向かい、さらには長期的な展望をも犠牲にして投資家をはじめとする株主らの短期的な利益を生もうとする。たとえば筆者はある非動物性食品会社の話を耳にしたが、その重役と出資者らは短期的な儲けを得ようとするあまり、長期的な研究目標を歪めてしまったようだった。非営利組織はこうした強い諸企業の調停役と協調役を兼ね、変化を包括的で持続可能なものとするのに欠かせない。

名称が意味するもの

細胞農業の分野で戦略上の最も大きな論点となっているのは、できたものを何と呼ぶかである。科学者らはかつて「試験管肉」という語を使い、これが動物の体外で育てられた肉であることを科学的に示そうとした。ジャーナリストのなかにはこの語を用いる者もいたが、多くは「ラボ育ちの肉」という刺激的な言い回しを好んだ。あいにく「ラボ育ち」は語弊が大きく、業界内では好まれない。新しい食品は何であれ、初めはラボの生まれであって、食品科学者や料理専門家が試験施設でつくり出す。また、「ラボ育ち」は商品生産の実態も正しく反映しない。実験室での小規模生産では何をつくっても法外な値段になる。実際の商業生産に使われる施設はビール醸造所のようになり、大型の密封容器内で組織培養に適した条件を整え、細胞と栄養分を混合するといった形になるはずである。

無論、「ラボ育ち」は気持ち悪く、食欲も湧かない。人々は普通、なるべく自然で新鮮に思える食べものを欲するからである。植物性食品の段でも述べたように、言葉はものの記述に留まらない働きを持つ。「ラボ育ち」という呼称を使えば、この製品は大きな利点があるにもかかわらず不利な立場に置かれる。残念ながら初期の支持者らはこの用語にほとんど反対しなかった。筆者が取材したジャーナリストらの話では、「ラボ育ち」は特に注目を集めやすい語ということで用いられ、GFIが誕生して積極的な反対論を唱えだすまでその状態が続いた。結果、いくらかのジャーナリストはこの言葉を抵抗なく使うことに慣れてしまった。「ラボ育ち」という言葉が今日の熱狂と投資を生むのに寄与した可能性はあるが、この技術は用語に関係なく刺激的で興奮を誘うのだから、そうした結果はいずれにせよもたらされたように思う。

「試験管肉」でも「ラボ育ち」でもない第三の呼称で、二〇一一年に科学界がこれと決めて以降、最も一般化したのは「培養肉」である。[34]これは肉の細胞が培地で育てられることを言い表した正確な用語に思えるが、完璧ではない。人によってはこの言葉からやはり科学実験室を連想するのに加え、料理の世界ではこれがヨーグルトやビールのような醱酵食品を指す意味合いを帯びる。なるほど生産施設は似通った外観になるかもしれないが、細胞培養は醱酵を介さない。これはとりわけ乳製品に関して混乱を招く。培養乳とは微生物を用いてつくった乳製品を指すのか、それとも生乳に培養物を加えてつくったヨーグルトやチーズを指すのか。

最後に第四の選択肢は、少なくとも二〇〇八年から使われ、GFIに愛用されている「クリーンミート」である。[35]この言葉は製造工程自体については何も語らず、「クリーンエネルギー」のように、製品が従来のものに比べ倫理的かつ持続可能であることを言い表す。また、組織培養される肉が従来の肉を特徴づける抗生物質・ホルモン・食中毒リスクを伴わないことを反映し、食品安全上の利点をも伝える。意識的な消費者が最も気にするのは、生産過程を尺度に測られる食品の倫理的影響と健康影響なので、「クリーンミート」という呼称は有望な選択肢に思える。

しかしこれも完全無欠ではない。この表現から、新しい業界は事実のみを示してなるべく透明性と開放性を大事にするよりも、製品に良いイメージをまとわせようと腐心しているようにみえる、と感じる人々もいる。異論の多いクリーンな食という健康ブームに関わるようで、むやみに流行を追っている感があるかもしれない。ニュー・ハーベストはこの点でGFIと見方を異にし、「培養肉」という語を好む。[36] マーク・ポストなどの人々は、「クリーンミート」という言葉によって、従来の（クリーンではないと言われているに等しい）肉を売る会社がのけ者にされないかを危惧する。もっともこの問題については、二〇一七年に畜産業界大手のカーギルがメンフィス・ミーツへ投資した例のほか、公にされていない畜産業者との交渉や取引があることを思えば、さほど気に病む必要もないだろう。[37] 大手をこうした食品の生産と販売へ向かわせることは鍵となるので、それらの企業にとって培養肉が改良品と映るか敵と映るかは問われるべき点に思われる。「クリーン」に反対する議論はほかに二つある。第一に、この言葉は持続可能性と環境面の利点を過度に強調しかねないが、これは第9章で論じるように、長い目で見ると理想的とはいえない。第二に、この語は「防腐性」「無菌」「消毒済み」などと同じく、人工的な響きがあって抵抗を覚えさせる。こうした表現は掃除具や外科器具などを記述するときには望ましくとも、食品に用いると魅力的に聞こえない。

筆者は二〇一六年、他の研究者と共同でランダム化比較試験を行ない、「クリーンミート」という語がもう一つの欠点を持っていないかについて確かめた。筆者らは被験者に「培養牛肉」または「クリーンビーフ」という語が使われたニュース報道を見せた後、食品購入の選択肢を示した。試験では毎回、鶏肉もしくは牛肉の従来食品とその培養／クリーン版を並べ、価格と食品タイプはランダム化して、一方はホットドッグ、他方はハンバーガーパティにするなどの形をとった。参加者はこれを見てどちらの商品が魅力的かを選び、筆者らはそこから、どちらの語がより直接的に消費者の心に訴えるかを調べる。結果、「クリーン」組は五二・四パーセントがクリーン食品を選び、「培養」組は四一・四パーセントが培養食品を選んだ。つまりこの（明らかに限定的な）文脈では「クリーン」のほうが「培養」よりも訴える力があったことになる。

この数字は驚くに当たらないが、消費者のその場の反応は、商品名が持つ影響のなかでも一要素をなすにすぎない。もう一つ確かめたいのは、「クリーン」という表現が批判に弱いかどうかである。消費者からすると、食品改革者はこの語を使って商品に良いイメージをまとわせているように見える。しかしその商品が他方で批判されているとしたら、消費者は騙されていると感じ、商品を買おうとは思わなくなるかもしれない。

この点を確かめるべく、筆者らは被験者に嘘のニュース報道を見せた。「クリーン」側の記事は『クリーンミート』か『非クリーンミート』か——批評家たち、『語弊のある』表現を使う活動家に喝」と題されている。「培養」側の記事は、「非培養」という批判が「非クリーン」ほど意味をなさないので少し言葉を変えてあるが、やはり攻撃記事の体をなす。これを見た後、被験者には八つの購入選択肢が与えられる。今度は「クリーン」食品を選んだ回答者が四〇・〇パーセント、「培養」食品を選んだ回答者が三三・二パーセントだった。「クリーン」のほうが下落は大きかったものの、「培養」を下回るほどではない。総評として、研究者の多くは下落が思ったほどではなかったことから、これを「クリーン」のほうが好ましいとする証拠とみた。[38]

結局、畜産利用される動物の擁護運動では誰がどの言葉を使えばよいのだろうか。「培養」は科学者たち――少なくともこれを醗酵の意味にとる食品業界の人々以外――に向いている一方、「クリーン」は一般人に訴えるらしい。また長期的な視野で考えれば、これらの製品が動物由来の肉と同じであることを明確にするために、いずれは修飾なしの「肉」という語を使いたい場合、今は色々な言葉を併用したほうが、特定の名称を根付かせない分、変更を容易にしうるかもしれない。無論、名称変更が早すぎれば、消費者の誤解、あるいはともかく混乱を招きかねないので、焦りは禁物である。

今のところ、ニュー・ハーベストが「培養」を、ＧＦＩが「クリーン」を用い、他が科学者を相手にするか一般大衆を相手にするかでどちらかの用法にしたがうのが妥当に思える。筆者としては、「クリーンエネルギー」が太陽光、風力、その他、化石燃料よりもクリーンなエネルギー源を広く指すのと同様、「クリーン」が植物性食品と培養食品の双方を指すようになればよい気もする。自分では普段そのような使い方をして、こと組織工学でつくられた肉に関しては「培養肉」または「細胞培養肉」と呼ぶ。おそらく、人々は肯定的な用語が単一の製品ではなく多様な商品群に使われているほうが、抵抗を覚えにくいのではないか。筆者はこの本でそうしてきたように、畜産を介さずにつくられたもの全般を指すときは今でも大体「非動物性」を用いる。これなら事実そのままで、強い含蓄の一切を避けられるからだが、やはり「クリーン」という言葉も運動に使えるレトリックの一つとして残しておきたい。

ニュー・ハーベストとGFIは、細胞農業の世界で情報共有をどう行なうかでも姿勢に違いがみられる。前者はこれまで非営利の学術研究に重点を置いてきた。その成果は頻繁に公開され、知的財産権の保護対象とはならない。他方、GFIは企業の研究を重視するが、こちらは研究の収益性を高めるために透明性を犠牲にすることが珍しくない。平たく言えば、競争者が簡単に利用できる研究に資金を向けたがる投資家などいないということである。筆者は正直、どちらのアプローチが目下優先されるべきか判断できない。双方とも支持すべき確固たる理由がある。ただ、人は社会的影響だけでなく利益によっても動かされる傾向が強いので、公開研究のほうが手薄であることは考えられよう。したがって筆者はどちらかといえば開放的なアプローチを応援したい。

同様の考えから、ニュー・ハーベストは培養産物の発売時期についても気長な予定を立て、GFIや新企業各社が性急な計画を発表することに批判的な目を向ける。[39] そうした発表は投資とメディアの注目を集めるうえでは理に適うが、発売が近いという点を強調しすぎると、進展が遅れた際に大衆と投資家の不満を買うおそれがある。同様の事態を経験しているのが過去数十年における人工知能（AI）業界であり、そちらは進捗の滞りが原因で、悲観論の蔓延と投資の減退に象徴される「AIの冬」という周期現象を被ってきた。新しい技術の開発では長期的な視野に立ったほうがよい。これは営利企業が夢を膨らませて話が過度な楽観論へと流れるように思われるからでもある。

培養肉技術の未来

コスト面で培養肉が従来の肉と並ぶためには四つの補助的な技術が必要となる。

・細胞培地は、大規模な細胞増殖に必要な栄養分と成長因子を含んでいなければならない。費用効率のよい培地システムは、一定生産量ごとに内容物を再循環させ、細胞に吸収されない材料を無駄にしない形となるだろう。

・生物反応器（バイオリアクター）は、成長中の細胞と培地を固定できなければならない。* 温度や培地成分の状態はセンサーを用いるなどして最適に保つ必要がある。

・細胞株――必要な種類が揃った信頼できる細胞ストック――は、さまざまな肉の生産へ向け、低コストで利用できなければならない。理想的にはこれが筋肉や脂肪や結合組織など、肉のなかの各種構成要素に分化できるとよい。

・足場材料は、成長する細胞を固定するために必要となる。これは動物の体に具わる細胞外基質にたとえられる。挽肉をつくる場合、足場材料は培地に散った分子の形で済むかもしれないが、ステーキのようにまとまった組織をつくる際のそれは、縦横に繊維が走る三次元ネットワークのような形状を要するかもしれない。[40]

＊ ここは足場材料の説明と重複している。生物反応器は生化学反応を利用して物質産生などを行な

う装置で、培養肉生産では細胞を肉の大きさに成長させる培養タンクを指す。

特記すべき業界の障壁と優先事項は技術の進歩とともに変化するにせよ、右の諸要素は組織培養の工程が劇的に変わりでもしないかぎり何らかの形で必要とされるだろう。

第3章ではハンプトン・クリークのような企業が、価格を抑えながら規模の経済をめざしている実態に光を当てたが、より複雑な生産方法を用いる培養肉のような製品の場合、生産費用の削減は遠く不確かな目標となるので、初めは価格を高く設定したほうがよいと考えられる。というわけで、培養肉はまず高級レストランや高級食料品店で目にすることになるだろう。最初の培養肉商品は挽肉やチキンナゲットなど、作成がたやすい均質な肉になると予想される。大きな規制上の障壁にもぶつかるだろうが、技術さえ進めば、培養肉は倫理的かつ持続可能な商品という位置づけと大手企業の後援を頼って市場デビューを果たせるに違いない。

実際、技術だけで畜産をなくせるという議論は筋の通った形で示せる。資金の不足や予想外の技術的困難によって培養肉開発の科学的進展が鈍ったとしても、増え続ける人口を家畜では養えないという理由一つでこの事業は続けられるだろう。先に何度か触れたように、動物は単純に肉の生産者として非効率的なので、長い目で見れば人工的な手法が勝つはずである。また、技術の進歩は社会の進歩に付きまとう独特の問題にも悩まされない。すなわち、世論は前進するときも後退するときもあるが、技術の可能性は文明崩壊のような例外的事態でも生じないかぎり前にしか進まない。してみれば技術に従事する者は基本的に進展の速度を変えるだけなのに対し、社会変革に従事する者は進展の方向を変えていく存在だということになる。方向性そのものへの働きかけは、長期的には人間と動物の福祉を最大限に高めることにつながる。そしてここでいう「長期的」とは何百万年も先の果てしなく遠い文明の未来にまでおよびうることを考えてみよう。かたや進展の速度が関係するのはせいぜい次の世紀までにすぎない。

ここからすると、限られた資源は非動物性食品を受け入れる社会的素地を整えることに割きたくなるかもしれない――つまりただこうした技術が開発されるだけでなく（それはほぼ不可避の過程である）、当の技術が広く受容されることを確実にしたい。社会がこの技術を受け入れることは、特にその大きな倫理的利点を認識する筆者のような者からすれば現実的に思えるが、社会変革については確かな予想が立てられない。現在この分野に投資している食肉大手が、サプライ・チェーンを組み直すよりも競争者をつぶすほうが楽だと判断したらどうなるか。人々が培養肉の効率性を認めても、だから食品システムを変えるのがよい、という考えにまで至らなかったらどうなるか。一歩視点を引いて畜産以外の問題に目を向けると、社会変革はなお重要さを増す。もし社会が効率性のみの観点から、技術によって現に畜産を終わらせたとしても、畜産利用される動物や他の情感ある生きものへの思いやりが育たなければ、私たちの子孫は将来、工場式畜産に匹敵するほどの蛮行を企てかねない。未来の人類は今日以上の技術力を持っているはずなので、そのような悲劇はさらに大規模なものとなりうる。

社会変革はまた、ベジタリアンや動物擁護者による細胞農業の研究や開発を促したように、より多くの層を有益な技術の仕事へ向かわせるのに加え、そうした技術の普及を早めるとも考えられる。畜産の終わりがほんの数年、数カ月、それどころか数日早まるだけでも、何十億という動物たちが工場式畜産と屠殺の運命を免れる。

これらおよびその他の理由から、次章では畜産を終わらせる第二の鍵として、社会変革に目を向けたい。[41]

第6章　非動物性食品の心理学

社会変革の議論を始めるに当たり、ベジタリアンにとって永遠の謎を振り返ってみよう。非動物性食品を食べるべき理由はいくらでもあるというのに、なぜ（動物性の）肉を食べる習慣はびくともしないのか。

四つのN

人は肉を食べる理由を尋ねられたとき、一般にどう答えるか。心理学者らは人々の理屈を四つのNに分類する――いわく、肉食は普通（normal）、必要（necessary）、至福（nice）、自然（natural）である。ほとんどの人は肉食者なのだから肉食は普通だ。健康のために肉食は必要だ。肉はおいしいのだから肉食は至福だ。人類は何万年も肉を食べてきたのだから肉食は自然だ。消費者に肉を食べてよい理由を三つ挙げさせれば、回答のおよそ八、九割はこの類型に収まる。[1] 食の改革者はこれにどう挑むか。

◉普通

多くの研究が示すところによれば、社会圧は環境保護から若者の薬物利用に至るさまざまな行動に強い動機を与える。[2] 有名な研究の数々が社会圧の力を確かめており、その一つにマシュー・サルガニック、ピーター・ドッズ、ダンカン・ワッツの音楽室実験がある。この実験では被験者が二組に分かれ、双方とも四八曲の歌を「嫌い」または「好き」で評価する。そしてどちらの組も評価した歌をダウンロードできる。一方の組は、曲ごとに自分より前の被験者らによるダウンロード回数を示され、もう一方の組はその情報を隠される。結果はダウンロード回数が音楽の評価に大きく影響することを示しており、音楽そのものの特徴はほとんど影響しないようだった。これは音楽業界が歌だけを聞いても成功するか否かを予測しかねる理由の説明になる。ヒット曲は理想的な旋律や歌詞を備えていることよりも、最初の人気が雪だるま式に膨れ上がることでチャートのトップを飾っている可能性がある。サルガニックらの言葉を借りれば、「最高の歌が好かれないことは珍しく、最悪の歌が好かれることも珍しいが、それ以外はどのような結果も考えられた」。[3] これに先立つソロモン・アッシュとスタンレー・ミルグラムの心理学実験も、仲間や権威の圧力が同様の強い効果を持つことを示した。[4] 権威や仲間がつくる社会圧がとてつもない作用を持つことは、セイラム魔女裁判やホロコーストなど、多数の歴史的悲劇からも窺い知れる。[5]

しかし社会圧は単なる道具であって、必ずしも害をなすものではない。たとえば、もし同じ教室もしくは仲間内の子供数人を望ましい行動に向かわせ、宿題をさせたり喫煙から距離を置かせたりするなどできれば、他の子供たちも真似する気を起こしやすくなる。こうした影響はより人工的につくれる。若いベビーシッターや教師が、少年少女と同じ音楽を好むといった点で格好よく振る舞いつつ、他方で美徳を重んじていれば、それは学生たちの行動を改める社会圧になりうる。

畜産利用される動物の擁護者も同様の戦術を用い、増加するベジタリアンやビーガンの数を示したり、動物を気づかうセレブを紹介したりする。マーシー・フォー・アニマルズは人気歌手アリアナ・グランデのファンに狙いを定めたフェイスブック広告を打ち出し、グランデがベジタリアンであることを訴えた[6]。イスラエルの活動家たちはデモ行進を組織した際、一人の参加申し込みも受けていない段階で一万人が参加すると宣伝した。この予言はおのずと成就し、デモが盛況という評判は実際の盛況をもたらした[7]。社会圧を生み出す戦略は運動の効果を大きく高めるように思われるので、もっと頻繁に活用されるべきだろう。

ゆくゆくは政府や企業の施策が消費者の基本的な選択肢を変えることで、「肉食は普通だ」という議論を解体する一助となるかもしれない。会社が職員用の昼食を頼む際、あるいは航空会社が搭乗客に食事を配る際に、非動物性食品を基本とし、動物性食品は特別注文があったときにのみ提供するといったことは実行可能である。これは非動物性食品を普通と位置づけるのと同時に、その消費を直接増やすことにもつながる。人々はいつでも周りから浮くのをためらうからである。

◉必要

「必要」は弁明のなかで最も頻繁に用いられる。肉を食べてよいのはなぜか、という質問に対する消費者の回答のおよそ三五〜四〇パーセントはこの理由に占められる。[8] さいわい、これは最も反論しやすい。活動家はただ事実を伝えるだけでよい――ベジタリアンやビーガンの多くは健康で、むしろ一般人よりもその傾向が強い、と。オリンピック選手にもボディビルダーにも、母や子や祖父母の代にもビーガンがいて、何十年も菜食生活を続けている。これらの証拠（エビデンス）は大半が観察研究や、方法論的に不満が残る実験、ヒト生物学にもとづく理論的推論であり、あいにく現在の栄養科学ではこれが限界だが、主要な栄養・保健機関は、畜産物の消費を減らすことが健康上問題ないどころか健康を高める選択だという見解で一致している。アメリカの大手保険業者カイザー・パーマネンテは顧客に対し、給付金を節約するために未加工の植物食を勧めているほどである。[9] 端的に言って、畜産物が健康のために必要だと考えられる確固たる理由はない。

◉至福

人々の多くは食べ慣れた動物性食品に快楽を覚えるが、これについてはおいしい非動物性食品を開発・披露することで対抗できる。自分の食べたおいしいデザートが実はビーガン対応だったと知ったとき、あるいはビーガン料理店でチーズステーキのような食べものを目にしたとき、嬉しい驚きを示す人々は少なくない。また、お気に入りレシピのビーガン版を少しグーグルで検索すれば、大抵、魅力的な代替料理が沢山見つかる。筆者はそれと知らせずビーガン食品を親友に食べさせた人々をいくらも知っている。友人らは普通、それが非動物性とは考えもしない。これで「至福」の言い分は簡単に崩れ去る。

もちろんこれだけでは、大勢の人々が本音では入手可能な非動物性食品のほとんどよりも動物性食品のほうを好む事実は変わらない。だからこそ、料理として動物性食品に比肩する非動物性食品がさらに開発され利用可能となることが望まれる。

◉自然

最後に挑まなければならないのが「自然」の主張だが、これは四つのNのなかで、おそらく「普通」に次いで二番目に強力な心理的障壁だろう。肉食は自然だという思い込みがとりわけ強固なのは、これが事実にもとづくからである。人類は進化史の大半にわたって、動物の狩猟や飼養に携わってきた。しかし現代人は祖先らと比べものにならないほど大量の動物性食品を食べていると思われるので、祖先の食に合わせようと思えば畜産の規模は大幅に縮小する必要がある。[10] 祖先の食に含まれる少量の肉・乳・卵は非動物性のそれで代替できると論じることもできるが、そうした新食品がつくられる工程は自然ではなく、ある研究によれば、消費者は成分よりも生産工程をみて自然さを評価するという。[11]

培養肉のような新しい非動物性食品は、いわゆる自然なものではない――平たく言えば、現代的な人間の技術なしに存在しない――が、ではそれゆえに捨て去られるべきなのか。

物事について、自然だからよい、と一律的に結論する態度は「自然に訴える論証」という有名な論理的誤謬として哲学者に知られている。自然なものは何でもよく、不自然なものは何でも悪い、というのは単純に誤りである。殺人・強姦・虐待・ほか多数の残忍行為は人類の進化史のほぼ全体を通して存在し続けた。かたや医学や自然災害救助のような現代文明の恩恵は、多くが人間にとって望ましくない自然状態への防御策である。自然界にはありがたいものが沢山あるにせよ、人間がワクチン・トイレ・エアコン・冷蔵庫をつくるのは、それらが自然の恵みにもまして私たちの必要を満たすからにほかならない。

また、そう考えると現代食品は事実上どれも自然ではない、という点も念頭に置く必要がある。成分や原料の面からみると、今日畜産利用される動物は集中的な人工育種の産物であり、自然な動物の数倍にもなる肉・乳・卵を産出するようにつくられている。肉用で飼われる今日の鶏は一九六〇年代の鶏に比べ、四倍以上の大きさに成長する。そもそも食用とされる生物は植物も含め、ほぼ全てが質や食用価値や生産性を高めるよう選抜育種されている。どれほど自然に近い小さな農場であっても、バナナやトウモロコシのような現代作物は自然界のそれと並べたらほとんど同じものと思えない。実際、二〇一七年のある研究では、「不自然」な食品を私たちがすでに大量摂取している事実を消費者に告げると、培養肉の不自然さに対する懸念が和らぐらしいことが示された。[12]

人間や畜産利用される動物が食べる作物は夥（おびただ）しい農薬（除草剤も含む）を使って育てられる。こうした化学物質は有機農場で使われる合成物質よりも自然である可能性が高いが、『サイエンティフィック・アメリカン』誌の記事が両者の区別に触れて述べたように、これは「答えのはっきりしない問題」である。記事は「合成化学物質が自然化合物よりも有害」だという認識を、有機農業にまつわる一般的な誤解とまで言った。[13] 畜産利用される動物たち自身も数々の抗生物質・ホルモン・その他の合成化学物質を投与される。

成分と生産工程だけでなく、食料生産の環境も至極不自然であり、広く行なわれる単一栽培などは人間の操作前に植物が育っていた多様な環境の対極にある。動物たちも工業化以前の祖先が暮らしていた多様な生態系とは似ても似つかない施設で大規模に飼われ、そのせいで地域の土壌や水系が損なわれている。肉用に育てられる鶏は生後四二日ほどで屠殺される。そこまで早く殺されない場合でも、最大限の寿命（前世紀の集中的な人工育種以前ならば最長一五年）までは生きられず、その前に心不全や鶏舎の劣悪な空気に起因するアンモニア火傷などの深刻な健康問題によって力尽きる。[14]

とすると、現代食品はいずれも不自然極まるのだから、それを記述する「自然」という語は放棄すべきなのだろうか。そうかもしれない。が、この点は白黒つけがたい。自然さは代わりに一種の予防原則と考えることができる。自然さが勝る食べもの、たとえば二〇年ならず一〇〇年を偶然によらないで耐え抜いてきたものなどは、その経歴からして、食品安全・動物福祉・持続可能性ほか、最も肝心な部分での害が少ないと考えられる。言い換えれば、自然なものはよいと一律的に判断するのは間違っているにせよ、自然さと良質さはやはり相関している可能性がある。また、倫理を離れたところでは、長く存在する食べものほど私たちの食の伝統に強く結び付いている。

しかしこのような有意義な指標にもとづくと、動物性食品は食中毒・汚染・アレルギー反応のリスクが大きく、長期的な健康にも悪く、天然資源を持続不可能な仕方で費やし地域を汚すという点で、一も二もなく失格となる。食の伝統に関していえば、夏のバーベキューにしても感謝祭の七面鳥にしても、非動物性のそれを引き続き堪能できる現実がすでにある。動物性であるという点に親しみを抱く人々は稀であり、その少数者にとって本当にそこ——情感ある生きものの肉を食べること——が肝心だというのなら、筆者はそれを否定することに何の後ろめたさも感じない。大部分の人々は、生産方法がよくて畜産物を食べているのではなく、生産方法が悪いにもかかわらずそれを食べているのである。

食の改革者である私たちは、このさまざまな含みを帯びた定義にしたがうだけであってはならない。食品会社は消費者が何を最も大事にしているかなど考えもせずに、「自然」という言葉を意識するよう仕向けてきた。その戦略が思い通りに機能するのは、私たちの心理が人類の進化の歴史に影響されているからである。見たことのない珍しい食べものを本能的に避ける習慣は生き残りに役立つ知恵だった。

つまり私たちは不合理な消費者なのであり、これこれは自然だという主張に対してはただ論理的に反論するのではなく、その点を念頭に置かなければならない。ある研究で、八割超の被験者がDNAを含む全食品へのラベル表示義務化に賛同したことを考えてみよう[15]。研究者らはDNAがあらゆる動植物の遺伝物質であることを伏せていた。くだんのラベル表示は生物由来の食品を塩などと区別することにはなりそうだが、右の結果が示すのはむしろ、人々がアルファベットの並んだ人工的な響きのする成分に不安を感じるという事実だろう。FDAが「自然」という語をめぐる政策について人々の意見を求めた際、食の改革者らはこの表現が曖昧で消費者を惑わすとして深刻な懸念を訴えた。これを食品パッケージで使わせないよう、ＦＤＡに禁止を提案する嘆願もあった。[16]

一部の人々から不自然で有害とみられてきた技術といえば、遺伝子組み換え作物（ＧＭＯ）が近年の例として挙げられる。人は数世紀にわたり選抜育種によって生物の遺伝子を変えてきたが、生物工学によってゲノムを直接操作しだしたのは過去数十年のことにすぎない。ＧＭＯはハワイのパパイヤ産業を救いもすれば、世界の貧困者にビタミンＡを含むゴールデンライスを供給できる見込みもあるなど、いくつかの大きな利点を持つにもかかわらず、他の技術ほどすんなりとは受け入れられてこなかった。[17] ここでＧＭＯの是非には立ち入らないが、一歩引いたところから考えると、ＧＭＯが反発を生む大きな社会的要因は、これが秘密裡に世に持ち込まれ、消費者の知らぬ間に食品に紛れ込んだことにあると思われる。そしてようやく世間の議論が始まったときには、ＧＭＯに見込まれる利点よりもその食品安全面・環境面・地域経済面のリスクに注目する反ＧＭＯ論者が話の行方を左右することとなった。[18]＊

＊　ＧＭＯが問題視されるのは食品安全面の懸念よりも社会的な実害による部分が大きい。たとえばハワイの遺伝子組み換えパパイヤは有機パパイヤの種子を汚染し、生産量・輸出量・販売価格の大幅下落を引き起こしたと指摘されている。ゴールデンライスに関しても同様の懸念があるのに加え、貧困者を救うとの謳い文句も疑問視される。途上国に広がる栄養不良は貧しい人々に食料が行き届かない不平等な世界秩序に原因があり、ただ栄養に富む食料を開発すればおのずと解決するというほど単純な問題ではないからである。加えてＧＭＯは種子や農薬の購入が必要になるので現地農家の負担を増し、農薬散布によって周辺住民の健康を損なっている。なお、ＧＭＯの議論が反対論者に支配されているとの理解は誤認であり、実際にはＧＭＯ企業が政府や科学機関やメディア会社に圧倒的な影響

力を行使していることが、多数の分析と証言によって明らかになっている。パパイヤに関してはたとえばHewlett, K.L. & Azeez, G.S.E.（2008）"The Economic Impacts of GM Contamination Incidents on the Organic Sector," 16th IFOAM Organic World Congress, https://core.ac.uk/download/pdf/10926302.pdf およびAgBiotechNet（2004）"NGO Reports GM Contamination of Papaya on Hawaii," CABI.org, https://www.cabi.org/agbiotechnet/news/4255 を参照（二〇二一年六月二三日アクセス）。ゴールデンライスについてはたとえばATJ（二〇一五）「遺伝子組み換えイネ：ゴールデン・ライスの危険」https://altertrade.jp/archives/9294 を参照（二〇二一年六月二三日アクセス）。農薬被害についてはたとえばLòpez, S.L. et al.（2012）"Pesticides Used in South American GMO-Based Agriculture: A Review of Their Effects on Humans and Animal Models," *Advances in Molecular Toxicology* Vol. 6, p.41-75 を参照。GMO企業の影響力についてはたとえばマリー＝モニク・ロバン／戸田清監修、村澤真保呂、上尾真道訳（二〇一五）『モンサント――世界の農業を支配する遺伝子組み換え企業』（作品社）を参照。

これまでのところ、細胞農業界はこの教訓を重く受け止め、早いうちから顔見世をして、経済・公衆衛生・動物福祉・環境面での便益を訴えてきた。これは培養肉が大手企業ではなく非営利組織や科学者の生んだものだからかもしれない。

変わった例の一つとして、日本の非営利団体ショウジンミート・プロジェクトがある。立ち上げたのは培養肉の啓蒙に携わるバイオ専門家たちで、かれら自身も間に合わせの生物反応器に酵母菌のような細胞培養液と肉組織を入れ、みずから肉をつくる。さらにメンバーのなかには、培養肉に関わる人物と物語を漫画作品にして資金を集めるアーティストもいる。ショウジンミートがとりわけ力を入れているのは子供たちへ向けた発信であり、その世代は肉の培養という発想を楽しくわくわくすると感じる。プロジェクト創設者の羽生雄毅いわく、「培養肉が小学生でもつくれるものなら、怖がることはないでしょう」[19]（彼とその同僚は現在、インテグリカルチャーという会社とともに培養肉を日本で商業化しようと努めている）。

　こうした開放性を維持し、培養製品の議論を秘密と不安に覆われたものではなく透明で理知的なものにすることは大事である。注意してほしいが、筆者は一度たりとてＧＭＯと非動物性食品を同列に並べてはいない（培養製品が遺伝子改変を伴うともかぎらない）。が、どちらも人々の反対に直面してきた、あるいはしうる新技術には違いない。

　データをみるかぎり、培養肉を食べることに対する今日のためらいは、それが不自然だという認識によるところが大きい。ある研究では被験者が赤肉もしくは試験管肉についてのメッセージを見せられ、それが大腸癌リスクにつながるとの警告を与えられた。被験者は当の食品がどの程度人工的もしくは自然と思ったか、どの程度そのリスクを受け入れられるかを尋ねられる。結果、「赤肉」の組は総じてかなりの程度リスクを受け入れられると感じ、「全く受け入れられない」から「すんなり受け入れられる」までの一〇〇段階評価で赤肉に五九点を付けた。かたや「試験管肉」の組は、警告文が同じだったにもかかわらず二五点という低評価だった。それどころか、筆者がこの実験の詳細に目を通したところ、「赤肉」組は「試験管肉」組に与えられなかった動物の苦しみや環境破壊についての情報も示されていたので、この差はなお決定的といえる。

　受け入れやすさの点数と食品の自然さ評価を合わせて統計分析すると、自然さに関する被験者らの認識がリスクの受け入れやすさに影響していることがわかった。自然さの評価が同程度の者同士を比べると、リスクの受け入れやすさには統計的に有意な差がみられなくなった。[20] ということは、人々が培養肉のリスクを大きくみるのはそれが不自然に思えるからにほかならない。ゆえに健康影響と食品安全は、従来の食肉業者以上に培養肉生産者にとって重要な位置を占める。

これらの調査は消費者による培養肉の受け入れについて何を示唆するか。さほどのことは示さない。二〇一七年後期に行なわれた二六件の調査を振り返ると、培養肉を食べると言った消費者の割合は一六パーセントから六六パーセントまでの幅があり、おそらく食べると答えた組は最大三〇パーセントで、残りは食べないと答えた。わかるのは、質問の形式、特に培養肉の呼称が結果に大きく影響することである。人々は気まぐれで、一般に新しい食品技術があれば、それを消費するとしても忌避感を抱く。これらの調査では、培養肉について多少の情報を与えるだけでも受け入れやすさが一〇から二〇パーセント上昇した。[21]

総合すると、畜産利用される動物の擁護運動に対する助言はこうなる――改革者は、自然さが人々にとって最大の関心事ではないことを肝に銘じておく必要がある。自然さは食品安全など、本当に大事な指標のいくつかを大まかに表すにすぎない。植物性食品や細胞培養食品はそれらの指標において他に勝る。市民活動とマーケティングではその点を人々に証明できるよう、非動物性食品の生産を透明化することが求められる。

将来的には政府や企業の表示変更を通し、肉は自然だという議論やその他のNと戦うことも可能になるだろう。タバコの例を考えると、今日の表示が義務化される以前は、多くの消費者が喫煙による深刻な健康被害と向き合うことなく日常的にタバコを買っていた。[22] これと同じで、従来の肉・乳・卵に否定的なラベルを付し、非動物性食品に健康・持続可能性・動物福祉面の便益を記した肯定的なラベルを付すことは、消費者のためになると考えられる。政府の政策については、心理学的な「一押し(ナッジ)」の理論、すなわち語や表現の小さな変更を通し人々の行動に大きな前向きの変化をもたらすという手法から、多くの着想が得られる。

最後に、改革者はこれまでに得られた証拠が自分たちに味方していることをわかっておくべきだろう。誤った懸念への対抗に多くの時間を費やすのではなく、可能なときは便益に焦点を置いた対話を続けるのがよい。歴史を振り返れば、新しいシステムの大きな便益を訴えるよりも、悪影響をめぐる誤解の是正に力を注いだことが、改革にとって逆効果となった例が多数みられる。[23]

「人道的」畜産の問題

もう一つ向き合わなければならないのが、動物性食品を正当化するとりわけ巧妙な第五の議論である。人々は工場式畜産を悪と認め、そうした農場からの転換を説く食の改革者に賛辞さえ贈るが、大勢の言い分では、一部の畜産物は人道的農場に由来し、そこの動物たちは大切に扱われて幸せに生きられるという。かれらはそうした農場の畜産物だけを食べるならよいと主張する。同様の議論は、環境・公衆衛生・その他の倫理面で工場式畜産場に勝るとされる「特別(スペシャルティ)農場」についても語られる。

多くのベジタリアンや畜産利用される動物の擁護者——おそらく本書の読者の大半——も、この主張をもっともだと思うだろう。筆者も二年ほど前まではそうだった。しかし現在では、食の改革者は基本的に工場式畜産だけでなくあらゆる畜産に反対すべきだと考える。

この主張を支える主な議論は三つある。

一、種を問わず、情感ある存在の搾取——そうした生きものを机やシャベルや無生物の機械のように、私たちの目的のために利用すること——は本質的に間違っている。それは仮に当の存在が幸せな生を送れるとしても、道徳的な悪事であることに変わりない。

二、特別農場の動物たちも大きな苦しみを負っており、それらの農場は植物農場に比べればやはり環境と公衆衛生の面で害が大きい。土地利用ほか、いくつかの指標で測れば、一部の特別農場は工場式畜産場にもまして有害なこともある。より多くの財政費用を投じれば倫理性を高められる可能性もあるが、その費用は社会が許せる負担をはるかに超えていると思われる。

三、特別農場が本当に倫理的だったとしても、それを私たちが応援すれば、畜産全体を社会的・政治的・経済的に応援する結果となり、ひいては倫理に背く畜産場をも応援することになる。たとえば、一部の畜産場を倫理的と位置づければ、人々は自分が倫理的につくられた食品を食べているという思い込みに「心理的な避難所」を得て、実際にはそれと違うものを食べている場合がほとんどにもかかわらず、みずからの畜産物消費を正当化できてしまう。

反対の立場に言わせると、著名人や諸機関や多くの国の人々は今や積極的に工場式畜産を糾弾するが、全ての畜産を否定する者は少ない、という点が要(かなめ)になる。よって工場式畜産に矛先を向けたほうが、糾弾勢力から多くの支持を集められる、とこの議論は示唆する。

覚えておきたいのは、運動が全体として一戦略を重視するからといって、全ての改革者がその戦略を用いる必要はない、ということである。この件でいえば、畜産全体を標的とするほうが妥当に思えるとしても、バタリーケージの撤廃などに取り組む最穏健派が引き続き工場式畜産に焦点を絞るのはおそらく理に適っている。

搾取の悪

本書の議論は大部分が戦略的なものだが、ことこの議論は倫理に関わることなので、思考実験のような道徳的思考の道具を用い、道徳的直観を導き出す必要がある。

架空の話として、ホモ・サピエンスの親類に当たるネアンデルタール人が私たちを凌いで惑星一の強者となり、サピエンスが現実の世界でそうしているように、あらゆるサピエンスと他の生物の運命を支配できる座についたと想像しよう。この世界でもサピエンスの私たちは同じ能力を具(そな)えるが、ネアンデルタール人は知性も言語も優れ、大きな協力的社会をつくる能力も長けている――しかもその能力差はちょうど、鶏・魚・豚・その他の飼育下にある動物たちとサピエンスの違いに等しい。

この高度なネアンデルタール人は進化の歴史を通し、サピエンスや他の知的霊長類を狩って捕食してきたとする。私たちにとってもはや鶏や魚が必須の食べものではなくなったように、このネアンデルタール人も私たちを必須の食べものとはしなくなるが、その後も風味や伝統など、今日のサピエンスが肉食を続けるのと同じ理由で、私たちを食べ続ける。しかしかれらは現実の世界のサピエンスほど残忍ではない。畜産利用されるサピエンスは充分な空間を与えられ、健康状態を良好に保たれ、さらには娯楽や知的刺激にまで恵まれる。生活環境に文句はない。サピエンスはおよそ一五歳を迎えた頃に、至極綺麗でゆとりのある屠殺場と食肉処理センターへ連れていかれ、家畜銃で頭を撃たれて何が起きたか知る間もなく意識を失い、可能な限り素速くかつ痛みなく殺される。サピエンスの飼育場・屠殺場で、この水準を満たさない施設は一つもない。

さて、いかがだろう。このネアンデルタール人が人間を「人道的」に畜産利用するのは問題ないだろうか。多くの人はなお、これは何かとんでもないことだと言うに違いない。大勢の見方では、搾取そのもの、すなわちネアンデルタール人のためにサピエンスを育て殺すこと自体が、苦しみの有無にかかわらず悪である。自分がこの収容所にいたら、私たちはきっと自問するだろう——搾取はされるがそれ以外は倫理的に育てられる鶏たちとサピエンスとで、何か重要な違いはあるのか、と。認知能力の差をいえば、鶏と私たちの隔たりは、仮想上のネアンデルタール人と私たちのそれに等しいことを思い出そう。つまり相対的な認知能力は扱いに差を設ける正当な理由にならない。人々は仮に動物が人道的に扱われているとしても、情感ある存在と自分の皿に載ったステーキや魚の切り身とのつながりに居心地の悪さを感じるもので、右の思考実験はその事実を浮き彫りにしているといえよう。

人道性の神話

筆者は先に、調査過程で工場式畜産場を直に訪れたかったと述べたが、それだけでなく、自分に見つけられる最も人道的な畜産場も直に訪れたかった。さいわい、農家市場に露店を出すような小規模農場の多くは、人々の訪問を歓迎する。

そこで筆者は二〇一六年三月、サンフランシスコを発ってカリフォルニア州北岸を進み、聳えるセコイア杉と岸に打ち付ける波を横目に、ある受賞歴に輝く農場をめざした。着いた先で目に入ったのは、田舎風の草原になだらかな丘陵という、とりわけ魅力あふれる肉の広告の背景に使われそうな眺めだった。東を向けば太平洋海岸山脈のいくつかの頂きが望まれ、鶏たちが遊ぶフットボール場ほどの大きさを持った草原の中央には、傷んではいるがまだ使える移動式の鶏小屋が置かれている。なぜ全ての農場がこうならなかったのだろう、という思いがよぎった。筆者は工場式畜産場の閉ざされた扉の奥で起こっていることを見てきたが、ここで目の当たりにしているのはより良いあり方のように思えた。

が、悪魔は細部に宿る。よく調べてみると、鳥たちの健康状態は筆者が訪れたどの農場よりも悪く、強い感染性を持ったマレック病の蔓延によって多くの鶏が視力障害を来していたほか、腹水で一部の鳥は五ポンド〔約二キログラム〕にも満たない体に一ポンド〔約四五〇グラム〕もの体液を溜め込み、生殖器官と消化器官の開口部に菌類が感染して生じる総排泄腔炎も多くの鳥に見られ、しらみも広がっていた。工場式畜産場の雌鶏たちと同じく、この農場でも多くの雌鶏が苦しみ、一部は癌や卵詰まりや生殖器感染症、およびこの極端に活発な生殖系で交配されたことに起因する種々の病気によって、すでに命を落としていた。

農場主は放牧の困難、たとえば捕食動物にどれだけの鶏が奪われるかといったことについて、筆者に話してくれたが、それが鶏の福祉にどう影響するかは一言も語らなかった。彼は農場の卵が高いわけを説明したかったにすぎない。損失を防ぐため、鶏小屋にはグレート・ピレニーズ種という毛むくじゃらの番犬がつながれていたが、近くに水はない。やさしい大型犬は筆者の訪問中、おとなしい甘え声で鳴いていた。ここの卵は一ダースが六・〇〇ドル超という価格設定だが、卵パックのラベルと値札の裏にはそのほかにも、農業補助金に投じられる血税や医療費など、種々の問題が潜んでいる。これだけのコストがかかるとなれば、多くの消費者はたとえ動物が幸せに生きられるとしても、畜産物の購入を諦めるだろう――まして現在消費するほど沢山の量は買えない。[24]

この農場を訪れたとき、筆者は動物たちが幸せに生きていることを心から願っていたが、それを裏付ける証拠はなかった。これに加え、筆者は他の農場も個人的に見学し、さらに動物保護に携わる活動家や調査員が「人道的」農場を訪れて得た何百もの証拠にも目を通したが、結果は失望だった。第2章で論じたように、一部の調査員は人道性認証を得た農場を積極的に選び出し、そこでなお例外なく苦しみが広がっていることを確認する。ある暴露を例にとれば、小売店のホールフーズは七面鳥肉の供給業者に数えられる「模範的農場」を宣伝していたが、その農場は七面鳥を商業販売用に飼養してはおらず、ただ私的利用と見学のために存在していた。[25] こうした調査員の多くは全ての動物利用を不道徳と考えるため、とりわけ目に余る虐待事例を探し出すほうへバイアスがかかっているのではないか、と疑うのは無理もないが、集められた豊富な証拠をみれば、畜産業者は大小を問わず、往々にしてひどく真実を歪めていることがわかる。また、従来の畜産物を食べる人々のバイアスも考えなければならず、調査結果を一般大衆に伝える農業専門家やジャーナリストもその例に漏れない。一つ言えることがあるとすれば、放牧される牛は、放牧その他で「人道的に育てられる」鶏や豚よりも福祉に恵まれているようにみえる。[26] しかしながらその牛たちも深刻な健康被害や家族の隔離による心理的拷問に苦しみ、工場式畜産場の牛たちが送られるのと同じ恐ろしい施設で屠殺されることに変わりはない。

多くの人々はこうした牧歌的農場が人の健康と環境におよぼす害にも驚く。畜産物の成分で、健康の唱道者が問題視するものの多く、すなわちコレステロール・飽和脂肪・発癌物質などは、小規模・人道的・有機・その他の特別農場の産物にも含まれる。ここでも牧草飼養牛の肉は、限られた例外に数えられるかもしれない。研究によれば、牧草飼養牛の肉は普通の牛肉よりもオメガ3脂肪酸等の有益成分をわずかに多く含むという。とはいえ、有害となりうる牛肉成分はやはり存在し、かたや有益な栄養素のほうは非動物性食品からも得られる。[27]

二〇一六年九月、『ニューヨーク・タイムズ』紙は「工業的農場が環境に良いわけ」と題した挑発的な記事を掲載した。このなかで経済学者のジェイソン・ラスクが論じるに、大規模農場は農場と環境に益する高度な技術を使うことができる。たとえば可変散布機は農地の区画ごとに、無駄が生じない必要量だけの肥料をまく。ラスクは同量の食物を生産するために、現代の農場と一九五〇年代のそれとで各々どれだけの動物が要されるかを比較する。牛肉ならば今日の技術は頭数を三四パーセント減らし、牛乳ならば七六パーセント減らす。加えてこの記事によれば、現代は一単位の食料生産に使われる土地が一九七〇年よりも一六パーセント小さい。[28]

いくつかの尺度からすれば、牛の牧草肥育は穀物肥育よりも有害となりうる。牧草肥育では主要な温室効果ガスであるメタンの排出量が二から四倍に膨れ上がる。土地・水・化石燃料の消費量は牧草飼養のほうが大きく、これは従来型の養牛(ようぎゅう)で用いられる大豆や穀物の生産に伴う資源を加味した場合でさえ変わらない。[29] 総合的にみると、放牧区画を移しながら養牛を行なう農場など、一部の畜産場は環境影響を大幅に抑えられる。が、特別農業は抗生物質を濫用しないという点以外では、健康上の懸念をさして解消するものではない。そして動物の苦しみは、なかんずく特別家禽農場の場合、依然として果てしなく大きい。

しかし、特別農場の大半が深刻な問題を抱えるとしても、少なくともいくらかの農場――もしかしたらほんの一握りということもありうるが――では動物たちが幸せに暮らしているだろう、と読者は思うかもしれない。それどころか直にある農場を訪れて動物たちが幸せに暮らしていると納得した人もいるかもしれない。この反論は多少当たっているところもある。筆者はテキサス州の田舎で高校に通っていた頃、牧草飼養される牛たちが至極満足気に反芻(はんすう)するようすを毎日通学中に眺めていた。なるほど屠殺は恐ろしい経験だったに違いないが、極度の苦しみに満ちた一日ですら、幸せな反芻をして生きる数年には勝らないとも言えそうである。

残念ながら、そうした少数の農場を増やしていきつつ動物福祉を良好に保つことには深刻な限界が伴う。ハーバード大学の動物法大会に参加した折、アメリカ農務省の動物管理プログラム副部長を務めるベルナデッテ・ファアレスは、同省が全ての農用動物を保護することは叶わず、ごく限られた現行の規則を執行することすらままならない、と語った。彼女がこの弁明を口にしたのは動物擁護者の聴衆をなだめ、農務省の職員が最善を尽くしていても虐待が起こるわけを説明するためだったが、それによってファアレスは図らずも、特別農場に反対すべき決定的な理由の一つを明るみに出した――そうした事業はこの飢える星を養うには金がかかりすぎるのである。

畜産利用される動物たちは反乱を起こすことも、農場を脱出して世界に自分の受けた虐待を訴えることもできないので、業界全体の動物福祉を高水準に保とうと思えば、広範囲にわたる規則が必要となる。第三者による定期的な視察や全施設の監視映像配信を行なう費用もそこに含まれるだろう。さらに消費者ないし納税者は、動物の飼育空間を広げ、動物たちの病気や怪我を治す獣医師や医療用品を揃え、人工育種によって筋肉と脂肪が異常な急成長を遂げるようになった動物たちや、膨大な乳・卵を産出するようになった動物たちを元に戻すなど、そうしたことに伴う直接費用も支払わなければならない。この水準の福祉は現在最高の農場ですら達成できていないので、筆者が訪れた放牧農場の卵一ダース六・〇〇ドル超という法外な（しかし弊害抑制のコストを含まない）値札も、動物たちの幸福な生を保証するほどに高い額を示してはいない。[30]

というわけで、人道的畜産はよしんば理論的に可能だったとしても、世界規模で経済的に立ちゆくよう実現するのは、とてつもなく困難と思われる。

心理的な避難所

筆者はこの問題について、農用動物の擁護に取り組む草の根活動家たちに意見を求めた。活動家たちの話によると、少なからぬ人々は工場式畜産場由来の肉を買っていないと言い張る。「私は人道的な肉しか食べません」と人々は言い、活動家の工場式畜産批判から自分を守ろうとする。草の根活動家にとってこれは最もよく聞かれる自己弁護の一つに数えられる。

この自己弁護は有効なのだろうか。最良の試算によれば、世界の食品システムに組み込まれた動物の九割超（アメリカでは九九パーセント超）が工場式畜産場にいることを考えよう[31]。数少ない特別農場は先にみた通り、実のところ倫理的であることもないことも考えられるが、そもそも本当にそこまで多くの消費者が、自分の消費する動物は大半もしくは全てがそうした農場のものだと言い切れるまでにしっかり確認を行なっているのだろうか。それは非常に考えにくい。実際、筆者が同僚らと二〇一七年に行なった調査では、アメリカの成人の七五パーセントが普段から人道的畜産物を食べていると主張することがわかったが、アメリカで畜産利用される動物のうち、非工場式の農場に暮らす集団は一パーセントに満たないというのが最良の試算である以上、くだんの主張が事実とはとても信じられない[32]。

これは自分が幸せな動物を食べていると信じる善意ある人々と話した活動家たちの経験からも裏付けられる。活動家は人々に最近食べたものについてよく尋ねる——朝食は何だったか。スクランブルエッグ。その卵はどこのものか。大学の食堂。出所について何を知っているか。ケージフリー。しかしこれは人道的扱いからは程遠い。

大抵この時点で、不愉快になった消費者は農家市場の牛肉パティなど、特別農場の品を買った経験をいくつか挙げるのだが、それはこの人々の消費全体のうち、ほんの一部をなすのみで、農場の倫理性についてもさして調べるではなしに、「ケージフリー」や「人道的飼養」などのラベルを頼りとするにすぎない。そしてほとんどの人はこれ以上の問題、たとえば外食店で何を食べるか、魚を消費するか否か、などを考えることすらないが、そこに関わる動物たちはほぼ全て、福祉への配慮を謳いもしない飼育施設に暮らす。

考え深いビーガンは、実は倫理的な雑食者をめざすところから始めたという例が多い。大学生のジェイ・シュースターもそれを試み、畜産業の授業を履修するかたわら、残忍行為の一覧を手に地元の農家たちを訪問した。彼は農家らに、一覧のなかで行なっていることがあるとしたらそれはどれかを尋ね、その結果に毎度がっかりさせられた。これが元となってシュースターはビーガンになり、現在は動物擁護活動に携わっている。[33]

人々は（実際に消費するもののなかではせいぜい一部をなすにすぎないとしても）倫理的な畜産という概念を持ち出すが、これは工場式畜産でつくられたものの消費を正当化するための「心理的な避難所」と考えられる。この避難所は、人々が自身の倫理観と消費選択の現実をよくよく考えたときに感じる認知不協和からの防御となる。これは食品システムの是正を妨げる最大の障壁の一つであり、おそらく四つのNよりもタチが悪い。

成功した社会運動を振り返ってみると、それらの要求は簡潔だった。奴隷制を廃止せよ。女性に投票権を。反喫煙運動は「大企業のタバコを避けよう」とは訴えなかった。結婚の平等〔同性婚と異性婚の平等〕を唱える活動家は「好きな人と結婚する、もしくは同様の便益に浴せる法的契約を結ぶ権利」を求めたのではなかった。訴えは常にシンプルだった。企業の世界でも直球のメッセージこそが成功を博し、往々にして会社の商品に関する具体的な情報のほぼ全てを捨て去りまでする――ナイキの「ジャスト・ドゥー・イット」〔「やってみろ」の意〕、ヒルトンの「旅は世界への窓口」などがその例である。畜産利用される動物の擁護運動も簡潔なメッセージを要する。〝畜産を終わらせよう〟。

重要なことに、倫理的な畜産への信頼は、動物が単なる財産である、人間の目的に資する手段としてのみ存在する生命なき物体である、という考えをも強化する。他の動物たちが私たちの財産とみなされるかぎり、かれらにとって最低限必要なものすら、私たちのこのうえなくどうでもよい欲望よりも軽くみられる。この態度ゆえに私たちは何十億もの動物たちを工場式畜産場の拷問に突き落とす。事実、心理学研究によれば、肉を食べたいと考える人々は、後でビーフジャーキーをもらえると聞かされた被験者のように、植物性スナックの嗜食(ししょく)について考えるよう促された人々に比べ、畜産利用される動物の精神機能を低く見積もる傾向がある。[34] この効果は特別農場が動物への思いやりを殺ぐことと相まって、工場式畜産の永続化につながりかねない。

＊

本章で展開した「人道的」畜産への反対論は、採卵業におけるケージ撤廃などの段階的改革が食品システムにとって重要かつ有益とする第2章の議論と緊張関係にある。私見では、「人道的」畜産の議論を踏まえると福祉改革の好影響は現に三つの点で色あせる。

一、畜産業の倫理的害悪は工場式畜産の特徴ではなく搾取そのものにある、という考えを突き進めれば、改革の効果は相対的に小さくなる。
二、いわゆる「人道的」畜産は実際のところ人々の想像よりもはるかに多大な苦しみを伴う。
三、福祉改革を賞讃すれば、「人道的」畜産という心理的な避難所を与えることになる。

これらは妥当な懸念に違いないが、ゆえに福祉改革は利点が小さく、畜産利用される動物の擁護運動に推進力よりも自己満足を吹き込むものだとは思わない。また、鶏を体の大きさとさして変わらない檻から外へ出すといったことの大きな具体的影響も見落とすわけにはいかない。第三の点は訴え方に気を付けることで防げるだろう。福祉改革が非動物性の食品システムをつくる長期目標へ向けた一段階にすぎないという点は明確にしなければならない。

最後に、非動物性食品を広める運動で応用できる効果的な説得術については、マーケティングや心理学の関連書が多数存在する。多くは直感的な話で、人は自分と似た者に説得されやすい、権威と思われる者に耳を貸す、などの教えであるが、そうした知見を改革者として知っておく、もしくはただ社会生活や仕事の場で念頭に置いておくだけでもなかなか役に立つ。お勧めはロバート・チャルディーニが著わした古典『影響力――説得の心理学』（邦題は『影響力の武器』）である。いくつかの説得原則は、この後の二章で扱う社会変革論に応用されるので、その際に掘り下げたい。

第7章　証拠（エビデンス）にもとづく社会変革

改革者は個人を一人ずつ変えていくことで満足してはならない。運動が大きな進展を果たすには、当事者である個人らの心理を考えるだけでなく、人々をつなげてその集団行動を左右する構造や関係にも目を向ける必要がある。広いシステムを考えることは大規模な変革を可能にする。

たとえば革命家が独裁者を倒したい場合、大勢の個人が独裁者の退陣を願うだけでは足りない。革命家は他の人々もそれを望んでいることを知っていなくてはならない。その了解があれば、不満を抱く平均的な市民も、同国人からの支持を頼みにできると知って声を上げられるようになる。「周知の事実」といわれるこの共通了解を形成するには、大規模な抗議を計画するなどの方法が考えられる。最初に充分多くの参加者――おそらくは、大衆に支持される保証がなくとも行動したいと考える勇敢な理想主義の若者たち――を集められれば、これだけの人が賛同しているという安心感を周囲に与え、さらなる参加を促すことも見込める。同様に、畜産利用される動物の擁護者も、個々の人々に動物を食べるべきではないと言い聞かせるだけでなく、大勢がその議論に納得していることとを示そうと努めており、そのほうが個人を一人ずつ変えていくよりも早く前進をもたらせる。

個人よりも制度

改革運動の研究から得られる最も重要な教訓は何か、と訊かれることがよくある。影響力を最大限高めるために、運動参加者が一つ肝に銘じておくことがあるとすれば、それは何か。これについては不確かな部分が沢山あるが、筆者はこう答えたい――この運動は個人の刷新を過度に強調する現在の傾向を離れ、制度の変革に一層の重きを置くべきである。[1]

特に多くの場面に関わる具体例としては、畜産問題について語った後の、聞き手へ向けた行動の呼びかけを変えることが挙げられる。最も一般的な呼びかけは「ビーガンになろう」「食卓から動物を一掃しよう」である。この二つはどちらも個人的刷新の提言であり、畜産利用される動物の擁護運動が始まって以来、その決まり文句となっている。現代の動物の権利運動を形づくった原点ともいわれるピーター・シンガーの著書『動物の解放』も、食品産業や生物医学産業における動物たちの苦しみを減らす解決策として、個人的な食生活の刷新を強く訴える。しかし今日の私たちは、企業や政府や社会的風潮を変えることに主眼を置いた制度的な呼びかけに舵を切り、「畜産を終わらせよう」「アメリカにこれほどの肉は要らない」などの訴えを発していく必要がある。これらはより広範囲にわたる集団的解決を求める。

個人よりも制度を優先する方針は、活動の仕方を変えることにもつながる。個人を変えようとする活動家はチラシを配ったり、ベジタリアニズムの宣伝をする団体（たとえばフェイスブックに苦しむ動物の写真を載せ、「食肉産業の衝撃的な真実を知りたい方は以下の動画をクリック」といった文面を添える団体など）に寄付金を投じたりするだろう。一方、制度に的を絞る活動は、署名を集めてマクドナルドにバタリーケージの撤廃を求める、政治戦略によって大学や病院により多くの非動物性食品を導入させる、新聞の特集で世界がすぐにも非動物性食品への転換を果たさねばならないことを論じる、などとなる。署名は企業に活動の転換を迫り、政治戦略は政府を動かし、特集は読者の常識を形づくって社会規範を変えることをめざす。

消費者の刷新に過度な重きを置く今日の傾向は、さまざまな弊害を運動にもたらしていると感じられる。簡単な実例を挙げると、筆者は数週間前、外食店チェーンに鶏肉供給元の福祉改革を求める抗議活動に参加した。するとある通行人が近づいてきて、私たちの活動に対する厚い感謝の言葉を筆者にくれた。そこで彼に飛び入り参加を提案したところ——現に飛び入りは時々あるのだが——、彼は「いやいや、私はベジタリアンじゃないんだ」と答えた。筆者はベジタリアンでなくとも参加はできると言ったが、納得はしてもらえなかった。その人物はベジタリアンであることが畜産利用される動物を助ける前提条件だと考えていた。これはその二つが人々の議論において強く結び付けられているせいと考えられる。もしも畜産利用される動物の救済が皆で解決すべき皆の問題と位置づけられていれば、デモ活動に加わりうる人物を逃すこともなかっただろう。

調査・投票・生活データ

二〇一七年一〇月、筆者は同僚らとともに、統計的なバランスをとったアメリカの成人を被験者として、劇的と思える食料政策の変更をどう考えるかを尋ねた。回答者たちは驚くほど改革に肯定的だった。四九パーセントは「工場式畜産の禁止」を支持し、四七パーセントは「屠殺の禁止」を、三三パーセントは「畜産の禁止」を支持した。筆者らがこの結果を公表したところ、にわかには信じられないという声が多く聞かれた。アメリカの成人中、ベジタリアン食やビーガン食を固く貫いている者はわずか二パーセント前後、ベジタリアン自認者は一〇パーセント未満という状況で[2]、どうすれば右のような大きな数字が出てくるのか。

人々は自分個人の消費を改めるよりも、制度の変革を後押しすることに数段大きな意欲を示す、というのが答えである。これは福祉改革の関連ですでにみた。アメリカの成人はバタリーケージの撤廃や鶏の急成長をなくす遺伝学的介入、福祉水準の高い屠殺方法、過度な密飼いの禁止など、畜産におけるさまざまな動物福祉改革案に一貫して七割以上の賛成票を投じる[3]。畜産利用される動物の福祉を高める条例案も常に賛成多数の結果となる[4]。この大きな支持は、実際にそのような福祉的畜産物を個人購入しようと決める消費者の少なさと対照をなす。二〇一六年のデータをみると、従来の赤肉に対し有機肉の売上げはわずか一・五パーセント、牧草飼養牛肉のそれは〇・九パーセントを占めるにすぎなかった[5]。

二〇一七年に筆者らが行なったアンケートでは、「動物を食べるかベジタリアンになるかは個人の選択であり、私が何をすべきか指図する権利は誰にもない」という意見に、回答者のなんと九七パーセントが賛同した。人々は消費者の個人的刷新という考えを受け入れたがらず、とりわけそれがアメリカ人の認識するベジタリアニズムやビーガニズムのように、個人的アイデンティティと強く結び付いたものであればなおさらである、という点はいくらでも強調しておきたい。[6]

歴史的前例

畜産利用される動物の擁護運動は、ほとんど例をみないほど個人や消費者の刷新に焦点を絞る。過去の運動の一部にすら、ここまでその点を強く訴えたものはなかなか見当たらない。わずかな例の一つは、奴隷制に反対する活動家たちが生んだ自由生産運動で、その参加者らは奴隷がつくった商品の個人的不買を重視した。ビーガニズムと同様、これは奴隷制の経済力を弱め、奴隷制への反対を示し、消費者を不道徳な制度から引き離す役に立つとみられていた。このアプローチが隆盛を迎えるのは一九世紀初頭のアメリカである。著名な奴隷制廃止論者のウィリアム・ロイド・ギャリソンは、一八四〇年の世界反奴隷制大会で、自分のスーツが奴隷労働の産物ではないことを誇らしく語った。しかし活動家たちは（ギャリソンも含め）奴隷制と闘うには抗議行動や法改正など、より効果的な方法があると悟り、一八五〇年までにこの運動は下火となった。[7]

一部の環境活動家は、環境運動によくみられる「緑の消費者運動」という過度な消費者重視について同じ思いを抱く。[8] 緑の消費者運動に対する代表的な反論の一つは、活動家になりうる人々を自己満足させ、環境政策の推進といった大きな変革への従事から遠ざける、という指摘である。この効果は「道徳的許可」ないし「道徳的疲弊」の名で知られ、いくらかの経験的証拠もあるが、研究は限られている。[9]* もっとも、環境運動は近年、個人への訴え（「リサイクルをしてください」など）および漠然とした制度的な訴え（「地球を救おう」など）を離れ、制度的でキャンペーンに軸を置いた訴え（「石炭を乗り越えよう」など）に転向している印象がある。

＊ 道徳的許可（moral licensing）は道徳的な行ないの後に不道徳な行ないへの罪悪感が薄れる現象を指し、道徳的疲弊（moral fatigue）は絶えず道徳的判断を強いられる状況で精神が磨り減る事態を指すので、いずれも個人行動に満足して制度的変革をおろそかにすることとは意味合いが異なるように思われる。

過去の制度的訴えに対する反例と考えられるのが反喫煙運動の成功で、その中心をなしたのは世間へ向けた個人行動の呼びかけだった。この反例がどこまで強力かはそれと他の運動との関係によ る。畜産利用される動物の擁護運動は反喫煙と環境保護のどちらに近いか。反喫煙と非動物性食品擁護を分かつ大きな違いの一つは、その動機にある。非動物性食品システムへの移行を促す中心的な原動力は動物福祉と環境配慮であることが普通なのに対し、反喫煙運動はほぼ常に消費者の健康への配慮を主たる原動力としてきた。[10]

思いやりの崩壊

畜産とそれが生む苦しみの果てしなさは、時に一般大衆と活動家の双方を「思いやりの崩壊」へと至らせる。社会心理学でいう思いやりの崩壊とは、多数の者に影響する巨大な問題を前に人々の思いやりが薄れる傾向を指す。このような崩壊が起こるのは「大集団の求めが途方もないように思われる結果、人々が気持ちの高まりに圧倒されないよう感情抑制に努める」からだといわれる。思いやりの崩壊を防ぐために重要となるのは、大問題に対する現実的で集団的な解決策を示すことだと考えられる。[11]

制度的な訴えはまさにそれであり、個人が食生活を変えて達成できる以上の大きな前進の可能性を強調する。ベジタリアン食は一年に三七一四から五八二匹もの動物を救えるが、それでも今なお苦しむ何百億もの動物たちについて考えると大海の一滴に感じられてしまう。[12] 他方、集団行動は技術革新、企業方針と法政策の変更、社会全体の消費行動転換を成し遂げうる。加えてこの集団アプローチは、自分の行ないが大きな運動の一環であり、その共通目標へ向けて支持と協力が集まっていることを各人に実感させるため、個人行動の敷居をも下げる。

草の根活動において集団行動の利点は無視できない。社会学創始者の一人、エミール・デュルケムは、人々が集まって同じ行動をとり、同じ思考を働かせることから生じる強力な心理的効果を、一九一二年に「集団的沸騰」という言葉で説明した。大音響のコンサートで一斉に踊る人々、教会で聖句を唱える人々、好きなスポーツチームに声援を送る人々、共通の敵に抗議を向ける人々は、個人としての感覚を失い、「神聖さ」の感覚を覚える。それは帰属と霊性を求める心理を満たし、時に私たちをそれまでの個人的な行動や信念から解き放つ。[13]

批判者からすると、非動物性食品システムをめざす集団アプローチへの移行は現実味がなく、個人の食生活に重きを置いたほうが、規模は小さくともより気持ちが高まる解決策を生み出せるように思われるだろう。また、総じて制度的な訴え——社会の全成員に行動の変更を求める訴え——は、全体主義的ないし強引すぎて人々に受け入れられない、と感じられるかもしれない。

これは妥当な懸念だと思うが、だからといって今日のごとく個人的な食生活の変更に圧倒的な重点を置いたままでいるべきだとは思えない。世界初の培養牛肉や培養家禽肉など、近年における食品技術の発展をみるにつけても、増え続ける世界人口を養う必要性からしても、畜産の終わりは現実に到来しうる。主流メディアの報道、さらには畜産業界の刊行物さえ、その可能性を繰り返し認めてきた。[14]

義憤

義憤とは「ある人物や制度が道徳的な原則（他人を害してはいけない、困っている人の救助を怠ってはいけない、嘘をついてはいけない、など）に違反していると気づき、それを続けさせてはならないと思ったときに湧き立つ特殊な怒り」をいう。[15]これは社会運動の燃料であり、エンジン内で爆発して運動を目標まで導く力となる。平均的な市民は義憤に動かされて街頭活動に加わり、愛する人に運動への参加を求め、居心地の良い殻を抜け出す。怒りという感情は義憤も含め、さまざまな運動の参加者らが自分を動かす主要因として挙げるものである。

義憤は「自分ではなく他人の行動に対する反応」とも説明されるので、[16]制度的な訴えのほうが、畜産の倫理問題を個人よりも産業や政府や社会全体の責任と位置づける分、この感情を呼び起こせる見込みが大きい。また同じ理由で、制度的な訴えは活動家がよく聞かされる類の自己弁護も引き起こしにくいだろう。

義憤の性質で重要なのは、人々を積極的に「システム正当化」から脱却させると思われる点である（システム正当化とは、現状をただそれが現状だからというだけで容認する傾向を指す）。これは理論的にもわかる話であり、いくらかの経験的証拠もある。[17]人々は「ベジタリアンになろう」と聞いて即座に自分の食生活を正当化したくなり、しばしばシステム正当化を用いるが、それを思えばこの点は制度的な訴えが持つ非常に重要な効果といいうる。制度に的を絞れば、「ライオンも肉を食べるのになぜ私はダメなのか」という悪名高い反論をはじめ、活動家が耳にする不合理な議論を減らせるかもしれない。

制度的な訴えは義憤を広めるのに加え、課題が主要な機関や社会全体の行動を要するまでに重要であることを示し、聞き手の真剣な問題認識を促す。知っての通り、畜産業界の者が動物擁護者の主張を一蹴もしくは軽視したいときは、ベジタリアニズムが個人の選択であり、人々は自分の食べるものを自由に選べてしかるべきだと強調する。消費者もこの議論で自己防衛を図り、ベジタリアンに対して「あなたがベジタリアンなのは立派だと思うけど、私が肉を食べるのは個人的な選択だから」などと言う。個人に向けた訴えはどうしても個人の私的決定を問題視することになるので、このような反発を生み、活動家を不利に立たせる。のみならずそうした訴えは菜食を流行や熱狂のようにさえ思わせる結果、その道徳的な訴求力をさらに弱めかねない。[18] 同様の反論が巻き起こった例の一つとして、グッド・フード研究所がファストフード店イナウトバーガーに植物性バーガーの導入を求めた結果、ソーシャルメディア上で批判を被った事件が挙げられる。ソーシャルメディアの利用者らは否定的反応を示し、個人選択の考えにもとづいて「あなたがたは知らないようですが、私は肉メニューを置かないビーガン店に抗議しています」などの批判を浴びせた。[19] これは活動家からすれば明らかに的外れと思えるが、個人に向けた訴えばかり見聞きしてきた者の目には至極真っ当な批判と映ってしまう。

社会圧

前章で述べたように、社会圧の力は豊富な心理学的証拠に裏付けられている。個人と制度のどちらを標的とする訴えも社会圧を内包しうるが、制度的なそれは畜産との闘いが集団努力であることを伝えずにはおかないので、より大きな圧を生み出せる。

社会圧は「社会規範」の一種である「記述的規範」としても知られる。これは人々が自分の社会集団はこう振る舞うと考えるものを指し、自分たちがどのような宗教を信じるか、どのような生活スタイルを選ぶか、どのような政治見解をとるか、などからなる。もう一つの社会規範は「命令的規範」といって、人々が自分の社会集団はこうあるべきだと考えるもの、つまりジェンダーの不平等は道徳的に許容できるとみなされるか、リサイクルはよい行ないとみなされるか、などからなる。どちらの規範に影響をおよぼす試みも効果的な社会変革の助けになると思われるが、命令的規範に狙いを定める社会変革キャンペーンはとりわけ大きな実りが期待できる。[20] 制度の重視は記述的規範への影響力を増大させるのみならず、命令的規範にも大きく作用するだろう。たとえば植物食が集団の目標であるなか、ある学校や職場が肉なし月曜日を一律導入するなどしたらそうなるはずである。

しかし消費者への行動促進はより明瞭な呼びかけなのでは?

個人向けの発信は率直な行動呼びかけとなる。食生活の変更はすぐに実践できて直接的な影響力がある。かたや制度的変革へ向けた呼びかけは通常、自明性が劣り影響も間接的となる。前者の訴えは明瞭なので、聞き手を行動へ向かわせる見込みが大きい。制度的な訴えを聞いた人は、主張には同意しても、それゆえにすぐ行動すべきだと確信するには至らないこともありうる。たとえば制度的主張の聞き手は、より良い非動物性食品が開発されるのをただ待って、それから群衆の流れにしたがうのがよいと考えるかもしれない。企業や政府の代表者に声を届け、抗議活動に加わり、動物擁護団体や新興の非動物性食品企業に勤務もしくは寄付し、記事その他のメディアを共有し、友人や家族と畜産について会話するなどしたら、そうした商品開発を促すことができる、という考えは、すぐには浮かばない可能性もある。こうした提案は主軸となる制度的要素とともに訴えのなかに織り込む必要がある。

また、肉やあらゆる動物性食品を食卓から一掃する人々が増えれば、かなりの波及効果も望める。前述した通り、肉食は動物の精神機能を低く見積もる態度につながることが経験的証拠によって示されており、これは動物たちが豊かな精神生活を送っているという認識と、その動物たちを食べる習慣とを両立できない人々が、認知不協和に陥るためと考えられる。[21] この不協和の軽減による態度の変化は、活動家の意欲を高め、菜食の継続を支えうる。さらに短期的な変革は評価と改善の周期も短く、活動家が影響測定を繰り返して、結果にもとづき戦略を修正することが可能である。一例として、「ビーガンになろう」と「ベジタリアンになろう」の呼びかけを切り替え、どちらのほうが多くの動物を救うことにつながるかを測定するという方法もある。長期的な成果を測る場合、このように活動に並行して評価を行なうのは難しいが、代わりに短期データを用いることはできる。たとえば制度的な訴えを目にした人の態度が直後にどう変化したかは、その人物の将来的な行動変化を予測する良い指標になるだろう。

実践に移す

二種類の訴えを組み合わせることは可能で、特に個人的な対話のように詳しく内容を説明できる時間があれば好都合である。人々に語りかける言葉は「畜産業の全廃に協力を――ベジタリアンになろう！」でもよい。組み合わせ方によっては二つの訴えの利点を活かし、欠点を和らげることもできようが、そうした発信もやはり、現在の運動よりは制度的な方向性を強めるべきだろう。

私見では、制度的な発信と介入に一層の重きを置くことが必要だという点は、この運動に関わる研究知見のなかで最も重要であり、にもかかわらず最も顧みられていない。もちろん、運動支持者が行なえることの一覧に食生活の見直しを含める、食品会社が積極的な業務刷新を拒んだ際に不買を行なうなど、消費者個人に的を絞った戦略もそれなりに続けていく必要はある。

トリガーイベント

制度的変革の議論を始めた以上は、「引き金事件（トリガーイベント）」の重要性に触れないわけにはいかない。これは法学者や政治学者の用語で、「行動要請と公共政策を結び付ける政治的状況内の直接要因」を指す。[22] とりわけ影響力のあるトリガーイベントは、一夜のうちに運動を生むことも、特定の問題に注目を集めることも、政策決定者に行動を迫ることもある。一般的な例は規制の欠如を浮き彫りにする企業災害で、一九一一年のトライアングル・シャツウェスト工場火災や一九八九年のエクソン・バルディーズ号原油流出事故などがそれに当たる。これらはそれぞれ、アパレル産業と石油産業の安全基準強化につながった。[23] トリガーイベントは悲劇の形をとることが多く、アメリカの警官に黒人らが殺された近年の一連の有名事件は「黒人の命を守れ（ブラック・ライブズ・マター）」運動を生み、全米中で人種差別に関する議論を巻き起こした。

こうした事件は活動家がつくり出すこともできる。アメリカの環境運動はとりわけうまくそれを企ててきた歴史があり、一九六二年にレイチェル・カーソンの著作『沈黙の春』が出版されたことも、一九七〇年に初のアースデイが開催されたこともその例となる。[24]インドで行なわれた塩の行進とガンディーのハンガーストライキは反植民地運動における有名な例である。二〇一〇年に実行されたモハメド・ブアジジの焼身自殺、一九八九年に実施された天安門広場での抗議活動は、それぞれアラブ世界と中国の抑圧的政権に対する反抗運動に火をつけた。制度的変革を支持する議論はこうした戦略にも反映される。

トリガーイベントは問題の緊急性を伝える点で優れている。それらは『沈黙の春』が告発した野放図な農薬使用よろしく、一種の時限爆弾的な状況を明るみに出すため、時事的な話題になる。一九七三年の石油危機――中東諸国が石油の禁輸を決め、原油価格が三倍以上に膨れ上がった事件――はフランスが原子力発電を導入する決定打となった。同国では元々原子力が支持を集めていたうえ、輸入石油への依存率が高かったので、この危機は原子力推進運動の追い風となり、エネルギー産出に占める原子力の割合は一九七〇年代初頭の六パーセントから、二〇一四年には七六・九パーセントへと上昇した。この事例を教訓とするなら、畜産利用される動物の擁護運動は、畜産物供給がおぼつかない国々、よって食料の安定供給が大きな便益となる国々に狙いを定めるのがよい。候補の一つはシンガポールである。同国は食料の約九割を輸入に頼り、思い切った中央集権的な食料・保健技術構想を築いてきた歴史がある。[25]

地域の抗議活動や社交行事を主催するといった小規模の活動は、人々のベジタリアン食やビーガン食の継続を助けるなどの即時的効果を持つが、活動家はトリガーイベントと段階的な社会運動の進展からなる大きな構想のなかでその行事がどのような役割を占めるかを考えたほうがよい。これは活動家がよくある落とし穴を避ける役に立つ。たとえばPETAは非動物性食品を「キャンペーンガール」に宣伝させるなど、不快なうえに問題を矮小化する戦略を用いてきたが、そうした試みは短期的な注目を集めるのと引き換えに長期的な信頼を損ない、将来、影響力の大きなトリガーイベントを起こす支障となる。[26]

畜産利用される動物の擁護運動におけるトリガーイベントの例としては、アメリカ史上最大の食肉リコールにつながった二〇〇八年の全米人道協会による潜入調査、世界初となる二〇一三年の培養肉バーガー披露、ハンプトン・クリークと鶏卵業界の大衝突、二〇一七年の映画『オクジャ』（遺伝子組み換え「スーパーピッグ」が動物の権利活動家に救出される感動的ストーリー）の公開などが挙げられる。これらの事件は大衆と畜産業界とアメリカ政府に、運動の大きな将来的可能性を伝えた。私たちは世論を動かせる。計画を立てられる。社会領域・政治領域・法人領域で具体的な結果を生み出せる。それらのきっかけは集団行動を変化させる要（かなめ）になる。

「なぜ」よりも「どのように」

組織ないし個人が運動に応じて行動を変えるには、それをする動機と手段が欠かせない。たとえば食生活を変える場合、動機は倫理・嗜好・価格などに分かれる一方、主な実践手段として必要になるのは非動物性食品の探し方と調理に関する知識である。この点は私たちが一人一人の食生活刷新をめざすのか（筆者が警告した選択肢）、それとも社会全体の食習慣変革をめざすのかに関係する。現状では、限られた力を「なぜ」よりも「どのように」の方面に多く割くべきだと思われる。理由はおおよそ以下の証拠による。

◉聞き手の自己申告

活動家が街中で人にチラシを手渡し、友人に潜入調査の動画を見せ、ジャーナリストに非動物食の話をした際に聞かされる躊躇（ちゅうちょ）や反論の声は、ほとんどが「なぜ」行動を変えるべきかではなく「どのように」それをしたらよいのかを問う。よくある心配は以下のようなものである。

- 私は運動選手だ。どこから蛋白質を得ればいいのか。
- 外食時にベジタリアンメニューを探すのがとにかく難しい。
- ビーガンにはなりたいけれどチーズを手放せる気がしない。

他方、脱肉食に反対する以下のような議論はここ数年であまり見なくなった。

- 所詮動物だ。どうでもいい。
- ほとんどの農場はこの調査で暴露されたようなところじゃない。

・私は人道的農場からしか肉を買わない。

第6章で取り上げたように、この最後の主張だけはまだ広くみられて特に目立つが、総じて活動家に寄せられるのは「どのように」をめぐる反論が多い。実際、活動家が人をベジタリアンにしようと会話を始めたところ、相手はすでにベジタリアンになるべきことを原則としては納得していて、ただその方法をわかっていないだけだった、という例は珍しくない。

この知見はとりわけ数量化しやすい活動形態、すなわちウェブ広告によって証明されている。マーシー・フォー・アニマルズは畜産業の残忍行為に光を当てた「なぜ」系の広告と、単に団体の菜食初心者ガイドを宣伝する「どのように」系の広告の双方を試してきた。閲覧者はオンライン上の活動から察するかぎり、すでにベジタリアンへの移行に興味を持っている。これをみると、初心者ガイドの広告は他方に比べ、成果単価が五分の一以下、一・一〇ドルに対し〇・二〇ドルで済む。成果単価とはこの場合、一人の人物をメールアドレスの登録へと導くのにかかった宣伝費用の額を表す。アドレス登録はベジタリアニズムへの参与とみなされ、閲覧者には無料の初心者手引きが送信される仕組みである。[27]

◉未開拓度

第3章で論じたように、圧倒的に肉食中心の社会でビーガンになった人々は、畜産業の残忍行為と環境破壊を世に知らしめたいと強く思うこともある。友人や家族は道徳的大罪の加担者にみえ、もしこの人々が畜産利用される動物たちの虐待を知りさえすればきっと行動を起こすだろうと考える。しかし残念ながら、前章で論じた事情ゆえに、問題はそこまで単純ではない。害について知るだけでは普通、人は現状の恐ろしさに納得しこそすれ、自分を変えるには至らない。

過去二〇年ほどのあいだに、アメリカとヨーロッパでは畜産がこれほどの暴虐たるゆえんを説いた「なぜ」の情報が広く出回ったが、改革者らはこの時期の大半にわたり、「どのように」の部分をないがしろにしてきた。改革をめざす者は現在の資源配分をみて、限られた力をどこに注ぐかを考えなくてはならない。顧みられずにいる戦略はしばしば大きな見返りを得られるからである。気候変動活動家は同様の自己批判を行ない、無闇に恐怖を煽る一方で解決策の議論をおろそかにしすぎてきたと論じている。[28]

制度的な訴えのように、より良い世界へ向かう達成可能な方途を示せば、人々は短期的な行動も起こしやすくなり、根本的な問題意識も強める。裏を返せば、「どのように」の情報がないと、「なぜ」の情報が行動につながりにくくなるばかりか、そもそも「なぜ」の情報が人々に受け入れられなくなるおそれすらある。

実話から統計へ

この議論はほぼ争う余地がないが、筆者のみるところ、それに心から同意する改革者もそれを充分に活かしてはいないことがよくある。畜産の害を論じるときは、抽象的な事実や統計の情報を示すことに代え、もしくは先立って、個々の犠牲者に光を当て、その実話をより大きな問題の実例として示すのがよい。畜産業界に広がる苦しみの膨大さを伝えたければ、初めに一匹の動物の経験を語り、その後により多くの動物たちが同様の恐ろしい状況に置かれていることを聞き手にわからせる必要がある。[29]

心理学では、影響にさらされる一個人が大きく人心を動かすことを「特定可能な犠牲者効果」と呼ぶ。典型的なのは一九八七年にテキサス州ミッドランドで井戸に落ちた生後一八カ月の幼児、ジェシカ・マックルーアの事例である。彼女は救急隊によって五八時間のうちに救助され、家族は贈り物、はがき、七〇万ドル以上の現金、副大統領ジョージ・H・W・ブッシュの訪問に浴し、大統領ロナルド・レーガンからの電話まで頂戴した。[30] かたや多くの慈善団体は、他の原因で死に瀕するはるかに大勢の子供たち、特に低所得国でマラリアなどの病に苦しむ子供たちを助けようとしながら、右の事件のかけらほどの注目を集めるのに四苦八苦している。

同様の心理的効果として、先にみた思いやりの崩壊、および規模への無感覚が挙げられる。後者の模範例とされるのはある実験で、その被験者らは研究者から石油・ガス業界がつくった廃油貯留池について説明を受けた。池はアメリカ南部で、危険性を知らずに着水する多くの渡り鳥を死へ追いやっている。被験者は三手に分かれ、新しい取り組みが二〇〇〇羽、二万羽、ないし二〇万羽の鳥を救えると聞かされる。そのうえで、あなたの一家はこの鳥たちを救うためにいくらの額を捻出する気があるか、と尋ねられる。各組の回答の平均値は、それぞれ八〇ドル、七八ドル、八八ドルだった。とすると、一〇倍、一〇〇倍の鳥を救えると聞いた被験者らの貢献意欲は、小さい数を聞いた被験者らのそれとほぼ同程度でしかなかったことになる。[31]

多くの人々はこうした不合理がない世界を望むが、不合理は現にある以上、重要な社会問題の害を伝える活動家はそれを考慮しなければならない。実話アプローチを用いる際に気をつけるべき点は、それを濫用して活動家が動物を一匹ずつ助けたがっているような印象をつくらないことである。統計はとりわけ知的な聴衆を前にしたとき、問題解決の重要性とその理性的議論を明確化するために依然大きな位置を占める。

対決の是非

私たちは抗議をすべきか。大声を張り上げるべきか。座り込みをはじめとする市民的不服従の活動によって畜産業の道徳的大罪に衆目を集めるべきか。これは運動内で最も意見が分かれ、頻繁に議論される話題である。一方の立場は、そうした妨害行為が周囲に畜産の害を知らせ、対話を促す有効な手段になると考える。他方はそのような注目から得られる利点よりも、活動家が怒りに燃える原理主義者のように思われ、自分が責められていると感じた人々が守りに回ってしまうことによる弊害のほうが大きいと考える。どちらの直感も妥当に思われ、それらの直感を寄せ集めてもどちらかを支持する充分な根拠は得られそうにない。よって、心理学的・社会学的な証拠に目を向ける必要がある。[32]

歴史上の先例

直感以外で、改革者たちが対決を擁護する際に引き合いに出す主な論拠は、それが歴史に名を残す社会運動のなかで、見たところ重要な役割を果たしてきた事実である。最初期の一例はアメリカの反奴隷制運動にみられる。対決はアメリカとイギリスが国際奴隷貿易を廃止した一八〇七年頃からそれ以降の大きな成功に関係しているほか、[33]二〇世紀中葉の人権運動でも重要な役割を果たした。目を引く性質ゆえに、座り込みやデモ行進などの対決戦略は、人々が市民活動と聞いてしばしば真っ先に思い浮かべるものとなっている。

ただしこうした事例は重要な条件を伴う。対決の成功は、すでに人々の充分な支持が集まり、争点とする問題が広く知られ、政策上の勝利が多数重ねられてきた後にもたらされる。畜産利用される動物の擁護運動が、一八〇七年以降の反奴隷制運動のような、よく言及される先例の域に達していないことは明らかなので、対決の効果は薄い可能性もある。

感情喚起と義憤

制度的な訴えと同じく、対決活動で鍵となるのは、感情喚起と義憤を生む効果である。抗議に参加したこと、もしくはその動画をネットで視聴したことのある人は、一種の感情の昂(たか)ぶりを覚えただろう。それはチラシを渡したり貰ったりしたときの感覚とは比べものにならない。
感情喚起と義憤の主たる利点は、話題を広め、見物人の常識バイアスとシステム正当化を拭い去り、その人々が個人行動を改めるだけでなく活動家になって運動の影響力を強化する可能性を高めることにある。[34]
しかし潜入調査のような対決を伴わない刺激的手法は、これら全ての効果を持つうえ、逆火効果*によって聞き手の一部を活動家の立場から遠のけるリスクが少ない――もっとも、逆火効果についてはいまだに研究が続いており、最初にこの現象を記録した研究はこれまでのところ再現ができていない。[35]無論、対決活動は多くの形態をとりうるが、気がかりなのは、目下この戦略に従事する活動家が、血糊(ちのり)を撒いたり動物の格好をしたりといった、効果の期待が薄い手法に偏っていることである。それらの手法は注目を集めるので活動家に好まれるものの、ただ注目を集めるだけのために、非動物性食品の普及運動を未熟・不作法・些末・滑稽・等々と思わせる、つまり、より主流の社会正義(公民権運動など)と並ぶ道徳的考慮に値しないものと思わせるのは、おそらく割に合わない。

＊ 自分の信念を否定する情報に接した人が、かえってその信念を強める現象。支持する芸能人の悪い噂を聞いて、逆にその人物を応援したくなる、あるいは、自分が信じる陰謀論を否定されて一層陰謀論に凝り固まる、などが例となる。

第2章で述べたように、人々の反感を生む、ないし少なくともそれを強める手法は、消費者矯正の偏重と並んで今日の運動における最悪の過ちに数えられるだろう。こうした作戦を用いずとも、活動家はデモ行進や、プロ意識と気品のある平和的抗議、消費者を怒鳴り飛ばすなどの攻撃を伴わない市民的不服従の活動などに加わることができる。その一例として、屠殺場行きトラックを一時的に引き留め、脱水した動物たちに水を与え、生涯で一度きりとなるかもしれない思いやりの訪れを経験させるなどの活動が挙げられる。

もう一つの一挙両得戦略は、言葉を優しく寛容に、しかし大胆にすることである。活動家は畜産業の甚大な規模と恐怖を率直に伝える点で大胆かつ急進的でなければならないが、同時に聞き手への思いやりと寛容さも求められる。具体的には、聞き手を問題の元凶として責めないこと、まだ運動に賛同していないというだけで悪く扱わないことである。たとえば外食店への抗議では、店の外に立つなどして消費者との距離を保ち、中の消費者ではなく店の会社に言葉の矛先を向けることが肝心となる。このバランスのとれたアプローチは感情喚起の長所をよく活かしつつ、より攻撃的な対決活動が招く聞き手の守りの姿勢を和らげることができる。訴えには急進性が求められるが、訴え方までそうあるべきとはかぎらない。

第8章　地平の拡大

一九世紀から二〇世紀初頭にかけてのベジタリアニズムは、自己剝奪の食事だった。この選択へ向かう人の大部分は肉食の快楽を遠ざけたいと願っていた。無論それは立派な個人的選択だが、共感するのはほんの一握りの人々にすぎない――まして現在のように食の風味と経験が人生最大の楽しみに数えられる時代ではなおさらである。今日、非動物性食品は苦行の域を超えてはるかに大きな広がりをみせている。それは素晴らしいことであるが、この拡大には人種・性・所属政党・地政学的アイデンティティのような現今の社会形成要素に対する注意深いまなざしが伴っていなければならない。この広がりゆく地平が、非動物性食品システムを実現する戦略的旅程の最終段階をなす。

ヒッピーだけのものではない

◉ベジタリアンはどうみえるか

今日までの改革運動はほとんどが北米・ヨーロッパ・オーストラリア・ニュージーランドで進められてきた（アジア料理の取り込みやアジア宗教に学ぶ試みは盛んだが）。これら高所得の西洋諸国ではこの運動が特定集団と結び付けられてきた――白人・女性・若年層・教養人・富裕層・理想主義者・リベラルである。この関連付けは残念ながら、他集団の人々にベジタリアニズムと非動物性食品への反感を抱かせかねない。それは運動の目標達成にとって大きな足かせとなる。

しかし畜産利用される動物の擁護運動は実際のところどのような構成員からなるのか。アメリカのベジタリアンに関してはいくらかの調査データがある。二〇〇六年にベジタリアン・リソース・グループが行なった全米を代表する調査では、男性の五パーセント、女性の九パーセントがベジタリアンを自認し、白人の六パーセント、黒人の七パーセント、ヒスパニックの八パーセントがベジタリアンであると回答した。誤差範囲は標準的なプラスマイナス三パーセントなので、これは人種間の違いを表す証拠（エビデンス）としては非常に弱い。二〇一二年のギャラップ調査では男性の四パーセント、女性の七パーセントがベジタリアンと答え、五〇歳以降の人々、大学を卒業していない人々、リベラル、未婚者のベジタリアン率が高いとわかった。いずれも誤差範囲は四パーセントであり、人種の情報は公表されなかったものの、人種別のサンプル比較は行なわれ、「アメリカ人ロのほぼ全ての区分においてベジタリアン率に大きな違いはない」との結論が述べられた。二〇一五年に非営利団体ファウナリティクスが行なった調査でも同様の結果が出ている。[1]

入手可能な最新データとして、二〇一二年にアメリカで消費された肉の量をみると、白人・ヒスパニック・「その他」を自認する人々の年間消費量はほぼ同じで、それぞれ約一九一・二ポンド、一九三・二ポンド、一九一・五ポンド〔順に約八七、八八、八七キログラム〕だった。平均すると黒人による消費量が二三六・〇ポンド〔約一〇七キログラム〕と多く、魚肉・七面鳥肉・鶏肉の消費量では最大値を占めた。[2] これらの動物は体が小さく、扱いが特に残酷であるため、一ポンド当たりの苦しみが大きい。そこで黒人擁護に取り組む人々は、黒人コミュニティへ向けた活動に一層の力を入れ、これらの動物福祉問題に挑むと同時に、蔓延する健康被害の解消を図ろうと呼びかけてきた。多くの論者は健康被害がアメリカの人種差別の歴史に起因するとみるが、それというのも、黒人にとっては不健康な食品だけが手の届く値段で現に入手できる唯一のものということが珍しくないからである。[3]

まとめると、ベジタリアンに関する固定観念は部分的にしか現実と噛み合わないのであるが、現実は問題の一部でしかない。著述家のアフ・コーがいうように、「ビーガニズムが実際に白人的なものということはないが、メディアが描くそれはまさに白人的なものなのである」。コーはそれを示すべく、人気のテレビ番組「オレンジ・イズ・ニュー・ブラック」の一コマを例にとるが、そこでは黒人女性の囚人らがビーガニズムとヨガとワインの試飲会を「白人政治」とからかう。コーは続けて、一部の活動家がこの固定観念を根付かせ、黒人を動物の権利運動から締め出し、黒人虐待と動物虐待を無神経に並べることで人種差別を強めたと論じる。[4]

しかしここでもう一つの疑問が浮かぶ。現実が違うというなら、なぜベジタリアニズムは白人性と関連づけられたのか。元凶の疑いが最も強いのは、今日までの運動における消費者重視の姿勢である。第7章で論じたように、畜産の問題は個人消費の見直しを求める呼びかけと強く結び付けられてきた。公開された動画のほとんどが「あなたの食卓から動物を一掃しよう」などの行動呼びかけを伴う。これによって、ベジタリアン食品やビーガン食品は有機・フェアトレード・地場産食品などと同様の高級品とみなされるようになった。これらのラベルはいずれも上流白人リベラルの消費者を対象にしたものとみられるのが普通であり、この人々は個人的な清らかさと心のなごみのために高い金を出そうとする層と思われている。

このような贅沢との関連づけはまことに残念なことで、実のところ非動物性食品は動物性食品よりも安くなる傾向があり、まして畜産業が環境と経済にもたらす大きな代償を思えばその差額は桁外れになる。一カロリーの肉を蓄えさせる目的で、動物に一〇カロリーからそれ以上の植物を与えるのは単純に費用効率が悪い。[5] 実際、特にビーガン対応と銘打たないビーガン食品のパスタ・米・豆・レンズ豆・ピーナッツバター等々は費用のかからない必需食品である。

包容的な擁護運動

ベジタリアニズムや非動物性食品の普及を自分たちの集団とは無縁と考える人々は、食生活の変更や運動への参入に意欲を示しにくいだろう。筆者はテキサスでこの手の固定観念に直面した思い出がある。ほとんどの友人は政治的な右翼で、筆者のベジタリアニズムを即座にヒッピーや民主党や涙もろさに結び付けた。ベジタリアンはしばしば肉食者に対し、説得力があると思って「きみは手ずから動物を殺しはしないだろう。ならどうして他人に金を払ってそれをやってもらうんだ？」などと尋ねる。しかし筆者が生い立ちをともにした人々の多くは、自給用の小農場で育てた動物も、狩りの標的とする動物も、全く気兼ねなしに自分の手で殺していた。それどころか、かれらは（おそらく正しいが）そのほうが工場式畜産場由来の肉を買うよりも倫理的だと考えていた。

これはテキサスの田舎民にはベジタリアンになるべき確固たる理由がない、ということではなく、ただ今日一般化している議論と問題設定がその人々の動機と道徳にうまく合わない、ということである。心理学者のジョナサン・ハイトとジェシー・グラハムが提唱し、ハイトの著書『正義の心』（邦題は『社会はなぜ左と右にわかれるのか』）で有名になった「道徳基盤理論」によれば、人の道徳は六つの基盤を持つ。

- 配慮／危害（苦しむ動物に配慮するなど）
- 自由／抑圧（いじめに反対する、積極的差別是正措置を支持するなど）
- 公正／不正（職場の優秀社員に報奨が与えられることを望むなど）
- 忠誠／背信（裏切り者を罰するなど）
- 権威／転覆（警察や共同体の高齢者を尊敬するなど）

・聖性／降格（性的乱交や禁忌思想――たとえばアメリカなら共産主義――を避けるなど）

研究によると、アメリカのリベラルに属する有権者や政治家は、配慮／危害、自由／抑圧、公正／不正の三つを重視しつつ、公正については残り二つの基準のために犠牲とすることをいとわない。他方、保守派は六つの基盤全てを利用・参照する。この違いはリベラルにとって、保守派を理解し、保守派と対話するうえでの障壁となりうる。リベラルは往々にして、危害と抑圧の観点のみから問題を捉え、その観点のみから政策の判断を下し、違う立場をとる保守派はおかしい人間か嘘つきに違いないと考える。リベラルが保守派に訴え、畜産に反対するよう導きたいなどの願いを持つなら、他の基盤があることを考え、それについても論じ合おうと努める必要がある。[6]

改革者は保守派ないし両陣営の聞き手に訴えかける際、「抑圧」や「思いやり」といった語を強調しすぎることも控えなければならない。これらの語は後半三つの基盤に合わないのに加え、話し手が根っからのリベラル、つまり保守派の聞き手からみて権威の小さい門外漢であるという印象を与える。科学者らは気候変動への取り組みでこの効果を確認してきた。それによれば、気候変動対策を共通の目標へ向けた社会統一の試み、もしくは経済的・技術的発展を活性化させる試みと描けば、生態系の崩壊を喰い止めようという通常の論調よりも保守派の心に届きやすいことがわかった。[7]

保守派に訴えかけるもう一つの戦略は、非動物性食品が保守派にとって大事な既成秩序の一部を守れるという点を強調することである。この戦略は気候変動の議論でも効果があった。研究者の発見によれば、アメリカの保守派に気候変動への関心を抱かせるメッセージは「環境配慮はアメリカ的な暮らしを保護し維持することに役立ちます。国内の天然資源を保存することは愛国的です」といった文言だった。別の研究では、いわゆる「ベジタリアンの脅威」、すなわち「ベジタリアニズムの興隆は我が国の文化習慣に脅威を突き付ける」などの主張を肯定することが、保守派を反ベジタリアニズムへ向かわせる大きな要因であると判明した。[8] とすると、非動物性食品がそれらの習慣、たとえばアメリカ南部にみられるバーベキューの伝統などを損なわなければ、その推進はより保守派とリベラルの双方に受け入れられる見込みがある。

愛国心と国家安全保障に訴えるメッセージは過去の社会運動でも至極有用だった。たとえばブラウン対教育委員会という裁判では、トルーマン政権が法廷書面を提出し、冷戦におけるアメリカの成功を主たる理由として学校の人種差別撤廃を求めた。いわく、「アメリカは国籍・人種・肌色のいかんを問わず世界のあらゆる人々に対し、自由民主主義は人類がこれまでに発明した最も文明的かつ安心できる統治形態であることを証明しようと努めている。……アメリカに少数者集団への差別が存在することは、他国との関係に悪影響をもたらす。人種差別は共産主義のプロパガンダに餌を与える結果となろう」。[9]

畜産利用される動物の擁護者も同様に、食品システムを国の誇りと位置づけることができる。たとえば「私たちはこの国を動物愛好家の国と考えるが、アメリカの工場式畜産場では多数の動物が苦しんでいる」「私たちの国は革新者の国なのだから、革命的な非動物性食品の新技術も牽引してしかるべきだ」などなど。

運動の地平を広げたければ、活動家は広告板やチラシの表象がベジタリアンの固定観念をなぞらないよう計らう必要もある。人種と性の多様性を反映するとともに、非動物性食品で競技に必要な強さと力を維持する世界的なビーガン・アスリートの面々を紹介するのもよい。これはよく計画された動物抜きの食事であれば体力に支障がおよばないことを如実に伝える。実際、そうした食事が競技成績を高めることは大勢が語っている。[10]

これと並んで、改革者は非動物性食品が低所得の消費者にも入手可能で得になることを強調できる。トニー・オカモトは情報発信サイト「限られた予算内での植物食」を介して先陣を切り、いかに「植物食が金銭的に手頃で簡単かつ美味にできる」かを人々に示している。アメリカのような高所得国でさえ、価格が消費者の選択を大きく左右することを思えば、この取り組みは運動戦略上の重要な溝を埋めるものだといえる。[11]

この運動が固定観念を拭い去って包容性を高めるまでにはまだ長い道のりがある。社会に根付いた性の不平等が紛れ込まないともかぎらない。ベジタリアンや動物擁護者はほとんどが女性であるにもかかわらず、非動物性食品企業や非営利団体の代表者はいまだに男性が多数を占める。畜産利用される動物の擁護者らは独力で社会のあらゆる抑圧と差別をなくすことは望めないが、周縁化された集団のためにも運動の成功のためにも、より広く人種と性の公正を求める取り組みに加わることはできる。以下はこの運動が高所得の西側諸国で地平を広げるためのいくつかの方途である。これらは本書のなかで最も争う余地のない提案だが、それを実践に移すのは決して容易ではない。

・メッセージを作成するにあたってはさまざまな経験的・道徳的観点を考慮する。保守派と話す際に六つの道徳基盤を考えるなど。

- 運動に参加するあらゆる集団の声を反映する。指揮や公的活動では特に。
- 他の社会運動を軽んじ貶めるメッセージを避ける。非動物性食品が持つ健康面の利点を訴える際に太った人を辱めるなど。
- 畜産業以外の重要な社会問題、たとえば人種差別や階級差別、およびそれらの交差について学習する。改革者が知識を身に付ければそれだけ多様性と包容の問題に取り組む素地ができる。
- 他の社会運動との連携を図る。時間と関心があるならそれ自体のために当の運動に加わり、活動や資金提供などの面で支援を行なう。
- 啓蒙の対象は最も話の通じやすい人々（若い女性と考えられることが多い）に絞りたくなるかもしれないが、運動を均質化して地平を狭め、固定観念を強めることの悪影響を考えなければならない。[12]
- 運動内で少数者の意見をよく傾聴する。
- なるべく非動物性食品について矛盾したメッセージを発しない。非動物性食品をおいしいものと語って高価な加工食品を紹介しつつ、全粒穀物や豆類や野菜の値段を根拠にそれが安いと主張するなど。もちろん、入手可能な高級食品と他商品の安さについて話すのは結構だが、カテゴリーを一括りにする偽りは避けるように心がけよう。
- 他の活動家がこれらの戦略を用い、この提案について批判的に考えることを促す。研究は常に進展するので、以上の戦略が本当に最有望かは引き続き検証する必要がある。

世界中に裾野を広げる

運動が世界に広がるなか、改革者はどの地域を優先し、いかに発信と戦略を異なる文化に適合させるかをめぐって難しい決定を迫られる。本節では優先的に変えるべき国はどこか、その拡大にどう着手するかを考えたい。

◉大多数の動物たちが苦しんでいるのはどこか

オープン・フィランソロピー・プロジェクトは世界で最も差し迫った問題群に挑む。同事業は、効果的な利他主義運動の最初期につくられた団体にして世界を牽引する効果重視の慈善団体評価機関であるギブウェルと、フェイスブックの共同創設者ダスティン・モスコビッツおよびその妻カリ・ツナが立ち上げた八〇億ドルの財団グッド・ベンチャーズの提携からなる。プロジェクトは今や畜産利用される動物の擁護運動における最大の資金提供元であり、他の効果的な利他主義団体と同じく、運動の国際的拡張の課題に取り組んでいる。この目標に沿って、プロジェクトの活動研究者ルイス・ボラードはまず、任意の時点で各国の工場式畜産場にどれだけの動物がいるのかを問うた。収集したデータは国連食糧農業機関とフィッシュカウントのもので、後者の団体は世界における魚介類の殺害数と消費量を調べる代表的組織と目されている。

ボラードが突き止めたのは、畜産利用される動物全体のおよそ四九パーセントが中国ただ一国に住んでいる事実だった。この六〇〇億匹という数字は、相当の不確かさを伴うものの、明らかに第二位の数字、インドの八〇億匹を突き放している。[*] 加えて、これらの国々で急増する人々が豊かになるにつれ、高くつく畜産物の消費量も増えていく。[13]

＊ ボラードの統計は養殖される魚類の数を含むので、中国に次いでインドやインドネシアが上位を占める。陸生動物の数では中国（約五五億匹）に次いでアメリカ（約二一億匹）が突出している。

ペイ・スー〔蘇佩芬〕は台湾の活動家で、東アジアの動物保護活動を牽引する。父は中国人であるが、一九四九年に蔣介石が毛沢東と中国共産党に敗れた際、中国本土から台湾へ移り住んだ。スーは台湾で反共の独裁体制が敷かれた三八年間の白色テロ時代に育った。夜〇時から五時までは全ての市民が外出を禁じられる。学校の台湾人生徒は母語の台湾語ではなく標準中国語を話さなければならない。誰もが生活に神経を使い、共産党への同調とみられうる言行を慎んだ。

台湾は貧しく、肉は稀少だった。東アジアでは、肉は野菜や果物や大豆食品の豆腐などからなる食事の珍味もしくは添え物とされるのが普通だった。プレーンを意味する漢字の「素」（「スー」と発音）は実に、ベジタリアン食を指すときにも使われる。一年のうち、ほんの数日だけ、スーの家族は鶏一羽を堪能することができた。最高の部位は肢で、通常そこは父と兄弟らが食べた。誕生日のときにスーは鶏の卵か脛（すね）を食べることが許された。筆者と話したとき、彼女はステーキのような大きな肉の一切れを「西洋の概念」といったが、過去半世紀のあいだにそうしたものが東アジアで急速に人気を高めた。牛乳が入ってきたのはスーがまだ学生の頃で、それが家庭向けに健康で特別なごちそうと宣伝されたことは台湾の経済的な成長ぶりを物語っていた。

スーの両親・祖母・叔母は、彼女が一〇代の頃にみな世を去った。平和的抗議者に対する日常的暴力と一九八九年の天安門事件について学んだ彼女は、筆者を前に語った。「天安門の大虐殺は、何たる不正かという思いで私の胸を満たしました——死と殺しは理解を超えていました」。これをきっかけにスーは仏教徒のベジタリアンになった。そして台湾が民主化した頃に活動家の道を歩み始める。

スーは本業の花屋をやめ、台湾で唯一積極的に動物保護法の起草に取り組む団体の常勤スタッフになった。彼女はある仏僧とともに畜産場と屠殺場の潜入調査を行ない、情報を国内外の関係者に伝えた。動物保護が欧米人の注目を集めると知った彼女は、アメリカとヨーロッパに渡って現地の団体がどれほどの成功を収めているかを学ぼうと決心した。スーはイギリスで社会政策と動物の権利の修士号を取り、現在は自身の非営利団体アクトアジアで、国際団体や東アジアの地元団体と連携して動物たちの境遇改善に取り組んでいる。彼女も他の活動家も認めるのは、特定地域の動物保護に直接携わる最良の組織は地元の団体であり、そのメンバーらは地域の文化や制度に関する理解も、それに働きかける能力も格段に優れている、という点である。

残念ながら中国の動物保護運動はいまだ西洋のそれに比べ後(おく)れをとっている。台湾では多少の進展があったものの、中国本土にはこれを書いている時点で動物保護法がなかった。加えて中国は急速に工場式畜産システムを取り入れた。二〇〇〇年の段階では、二〇〇〇〇羽以上を収容する施設由来の肉用鶏は全体の約三五パーセントだった。二〇〇九年にはこの数字が七〇パーセントに跳ね上がる。[14]中国の動物擁護は目下、ただ動物問題についての意識を高めることにおおよそ的を絞っている。二〇一四年にスーの団体アクトアジアは中国初の非動物性ファッションショーを主催し、毛皮不使用の衣服や動物実験を行なっていない化粧品に光を当て、ビーガン料理のみを振る舞った。

中国ではアメリカやヨーロッパほど動物福祉の議論が盛んではないが、二〇一一年の調査では回答者の七〇パーセント超がセメント床の養豚場を「やや不適切」ないし「非常に不適切」と考え、七四パーセントが生きた鳥を入れる檻の前で屠殺を行なうことに同様の感想を抱くことがわかった。アメリカでは約八割の人々が急成長する鶏の育種や密飼いといった同様の残忍行為に反対することが調査で示されている。同じ中国の調査では、七二パーセントが「添加物の濫用」に、五〇パーセントが「抗生物質の濫用」に、四八パーセントが工場式畜産に起因する「悪い味」に懸念を示した。しかし、少数派ながら相当数の人々は工場式畜産を「高利益」(二二パーセント)・「高生産性」(三三パーセント)・「屠殺までの急成長」(三八パーセント)という点で賞讃した。アメリカ人に向けられるような質問はなされていない。なお、回答者のなかで「動物福祉」に当たる中国語を聞いたことがある人はわずか三七パーセントだったというが、これはアメリカ人である筆者にとって想像しがたい。初めてこの低い数字を聞いたときはとても信じられなかったが、話をした中国の活動家たちによれば、この国では「動物福祉」が概念として確立されていないという。[15]

畜産利用される動物の飼養数が第二位の国、インドはどうだろう。ボラードはインドを、動物に関して「矛盾した国」と形容する。同国はベジタリアンの数が世界一でありながら、動物消費者の数は世界第二位である。この一因はインドが赤肉消費から家禽肉と卵の消費へ移行していることにある。先にみた二〇世紀後半以降のアメリカにおける家禽肉の消費増と似ているが、卵の一人当たり消費量はアメリカで減少した一方、インドでは増加した。[16]

活動家のなかには、インドのような低所得国の農場を牧歌的で自然で人道的だろうと考え、その畜産にさほどの関心を示さない人々もいる。が、すでにみたように、中国では急速に工場式畜産の割合が増え、あいにくインドでもすでに工場式のシステムが主流の畜産手法として持ち込まれた。ボラードが二〇一七年にインドの調査旅行で知ったように、動物たちはアメリカ企業の品種ということさえあり、過剰な肉・乳・卵生産によって苦しむ体につくられている。

筆者と話したとき、ボラードはインドでの活動に多くの困難が伴うと語った。一つは小売システムが多様で分散していることである。たとえば肉用鶏の九割は地域の市場で生きたまま売られるので、活動家は西側諸国のように少数の大手小売企業を標的にするというわけにはいかない。加えて、インドでは牛肉消費をめぐって大きな対立がある——牛はヒンズー教徒に神聖視されているので、牛の擁護はヒンズー教以外の宗教を許さない国粋主義の活動と受け取られかねない。動物擁護者はこの事態を避けるべく、鶏に的を絞るなどの方法を試みる。

最後に考慮すべきこととして、インドには至極強力な動物福祉法がある。例を挙げると、一九六〇年にはインド議会が驚くべき進歩的な法案を通過させ、動物に「ほどよい運動機会」を与えないケージ拘束を禁止した。そして二〇一二年に政府は卵業界に警告を発し、バタリーケージはこの基準を満たさないため二〇一七年までに漸次撤廃しなければならないとした。もっとも、二〇一七年にボラードが訪れた農場はいずれもバタリーケージを使い、撤廃する予定はなかった。この矛盾を解く一つの説明は、単純にそれらの法律が実質的な強制力を伴っていないから、という点に求められる。バタリーケージを使う農場に罰金が科されたところで、その最大額はわずか一〇〇ルピー、約五・八〇ドルにしかならない。というわけで、インドにはこれと異なる執行重視の改革アプローチが求められる。[17]

◉世界を変える

ボラードは畜産利用される動物の擁護運動における四大優先地域として、中国・EU・アメリカ・インドを挙げる。EUとアメリカで畜産利用される動物は各々一〇億匹程度に留まるが、この二つを右のリストに含めるのは、世界情勢への大きな影響力と、これらの地域で進む変革の勢いを考えてのことである。[18]

雑誌『USニュース&ワールド・レポート』は毎年、BAVコンサルティングおよびペンシルベニア大学ウォートン校と共同で各国の人々に見解を尋ねる国際調査を実施する。二〇一六年、一七年の国際的影響力リストで一位となったのはアメリカだった。これは軍事力、メディアと娯楽産業の人気度、世界最大の経済国という位置づけによると分析された。イギリス・ドイツ・中国はこの二年にわたって五位以内に入り、二〇一六年にはフランスが、一七年にはロシアが名を連ねた（おそらくロシアがシリア内戦をはじめとする国際問題に干渉したことによる）。したがってこれらの国々で食の趨勢や政策が改まれば、直接影響を受ける動物は少数でも、他国への影響が極めて大きいと考えられる。[19]

残念ながらアメリカでは法人、特に畜産業界が社会と政府に多大な影響力を振るっているので、前進をもたらすのは困難かもしれない。[20] 一人当たりの食肉消費量は世界一であり、畜産物は文化アイデンティティと強く結び付けられてきた。畜産に関わる社会問題政策の点でも他の多くの高所得国に後れを取っている。環境配慮の指標として最も定評のある環境成績指標の二〇一六年評価でアメリカは二六位だった。国際的な非営利団体ワールド・アニマル・プロテクションの動物福祉水準ではDの評価だった（もっとも、カナダと日本もDを下されている）。加えてアメリカは肥満や食事関連の病気が極度に蔓延しているにもかかわらず、保健システムの効率性が大半の高所得国に劣る。[21]

中国とインドの改革難易度はさらにはっきりしない。急速な産業化を特徴とする中国経済は毎年世界最大の環境破壊をもたらしているが、同国は他方で環境政策の世界的な牽引役となった。[22] 国内の消費者は一日当たり約一七三グラムの肉を食べるが、政府が推奨する消費量はわずか四〇から七五グラムで、これはアメリカの平均的なハンバーガーパティよりも少ない。[23] 政府は中央集権化が進んでいるので、政策変更は行なわれにくい反面、変更された政策を国内に広めるのはたやすい。肉は贅沢品とみられてきたが、文化アイデンティティとは結び付いていない点で、多くの欧米文化圏におけるベーコンやチーズや豚肉ソーセージの位置づけとは違う。

国際団体は中国企業に畜産での苦痛軽減を促し、一定の成功を収めてきた。たとえばイギリスの非営利団体コンパッション・イン・ワールド・ファーミングは進歩的な福祉政策を導入した中国の食品企業各社に優良養豚賞を贈った。[24] オープン・フィランソロピー・プロジェクトはこうした事業を増やすため、非営利団体に数百万ドルを提供する。他方、中国政府が海外組織の干渉を規制していることは国際団体にとって大きな障壁であるため、やはり地元団体の創設と後援に協力・注力する必要がある。[25] さらに国際企業も圧力をかけている。マクドナルドは中国での食品安全スキャンダルを受け、動物科学者のテンプル・グランディンを派遣して動物福祉研修を行なうとともに監査の数を増やした。[26] ボラードが考えるに、中国で多発した食品安全スキャンダル（第4章でみた牛乳の水増しなど）は、政府と企業が工場式畜産の問題に対処する大きな契機となった。

香港にはすでに非動物性食品への転換を匂わせる良い兆候が表れている。週に最低一日ベジタリアン食を実践する住民は、二〇〇八年に五パーセントだったのが、二〇一四年には二三パーセントに増加した。ベジタリアン料理店の数は二〇一三年の一四〇軒が二〇一六年には二四〇軒へと増加した。[27] これはグリーン・マンデーという会社の成功によるところもある。同社は二人のベジタリアンによって創設され、健康的で持続可能な食事と生活スタイルを広めている。代表者のデビッド・イェンは、香港をアメリカに次ぐビヨンド・バーガーの販売都市とすることに貢献した。

イェンは筆者に、中国では非動物性食品の未来に期待が持てると語った。ボラードが言及した食品安全の問題もあるのに加え、イェンの考えでは東アジアの大きな宗教的伝統がベジタリアニズムを含むため、非動物性食品はこの地域で特別の歓迎を受ける。イェンの父は商人にして献身的な博愛主義者かつ敬虔な仏教徒であり、太陰暦の毎月一日と一五日にベジタリアン食を摂るなどの伝統に則ってイェンを育てた。イェンは香港を離れ、ニューヨーク州のコロンビア大学で工学を学んだ。アメリカ滞在中に仏教哲学の学習を重ねた彼はベジタリアンになり、業（ごう）という倫理概念はニュートンの運動の第三法則と同じように理に適っていると信じるに至った――全ての行ないは等価の対称的な反応を生む。

ここ数十年で中国の若年層は哲学的伝統から離れていった。[28] しかしイェンの見方では回帰傾向が現れており、これは深く根を下ろした文化規範があることと、一部の伝統が現在の西側諸国における持続可能性・個人的健康・動物福祉への関心に通じることとによると考えられる。

ボラードのいう通り、この四地域——順に中国・アメリカ・EU・インド——は畜産利用される動物の擁護運動で最大の焦点になるだろう。しかしこれらの国に存在するのは、世界で畜産利用される動物の約六割でしかない。[29] 他の地域に目を向けてみれば、非動物性食品企業がちらほら生まれており、一例にノットマヨやノットチーズなどの製品をつくるチリの会社ノットカンパニーがある。ノットコ（同社の自称）は機械学習を用いて多様な植物成分を組み合わせ、顧客に良質な食事体験を提供する。[30] 効果が大きな活動戦略も世界中に広がっており、たとえばアニマル・イクオリティはヨーロッパの潜入調査で成功を収めた後、ラテンアメリカで同様の調査を行なった。[31]

これとともに忘れてはならないのが豆腐などの伝統的な非動物性食品をつくる企業である。それらの製品は東アジアで特に人気なのに加え、歴史的に動物性蛋白質よりも得やすかったのと同じで、今後も培養肉のようなハイテク食品よりも得やすいと思われる。

筆者はサウジアラビアのカリド・ビン・アルワリード・ビン・タラール王子に、中東と北アフリカの状況を尋ねた。この地域はフムスやファラフェルのような人気の植物性料理で知られる。ビン・アルワリードは一億三六〇〇万ドル・四六万平方フィート〔約四ヘクタール〕の宮殿で育ち、青年時には約二〇〇台の高級車コレクションを自慢にしていた。今の彼は電気自動車のテスラ一台のみを所有している。父アル＝ワリード・ビン・タラール・ビン・アブドゥルアズィーズ・アール・サウード王子は世界屈指の富豪で、二〇一七年の純資産は一七〇億ドルにのぼった。その後釜にしてヤリ手の実業家でもあるビン・アルワリードは、この政治的・経済的な重要地域で食の改革運動を牽引する資力と技能を兼ね備える。[32]

ビン・アルワリードはカリフォルニア州で生まれ、大半の時期を欧米圏で過ごした。彼の言によれば、中東の改革者は車輪の再発明をしないよう心得るべきである。かれらは新しい会社や製品をつくるのではなしに、ただハンプトン・クリークやミヨコズキッチンのような会社の製品を自国のスーパーマーケットに取り入れればよい。世間の認識をみると、状況は中国に近く、人々はアメリカで大前提とされるような動物虐待への基本的関心を持たない。ビン・アルワリードはドキュメンタリー作品を効果が実証された西洋の手法と捉え、これをアラビア語の字幕付きで中東の大衆に見せるのがよいと考える。他の地域同様、中東でも植物食は目下、固定観念に嵌められ、ヨガマニアその他の小集団が選ぶ珍しい生活スタイルとみなされている。だからこそビン・アルワリードは大衆の啓蒙、特にソーシャルメディアによるそれを通し、人々に畜産からの脱却が必要であると示すことを重視する。それと並んで、植物性畜産物の価格を下げることも大きな変化につながりうる。

運動は福祉改革を通して世界の隅々にまで広がっており、例として東欧・ラテンアメリカ・アフリカのような手つかずの地域で進む卵用鶏のケージ撤廃活動が挙げられる。この取り組みは主としてザ・ヒューメイン・リーグ指揮の連合体オープン・ウイング・アライアンスによって組織されている。動物たちにとって直接の利益になるのも当然だが、これは同時に畜産問題を専門に扱う地元団体の創設や成長をも促す。こうしたことがゆくゆくは非動物性食品の生産と大衆化へ向けた世界的基盤を整えるだろう。畜産利用される動物の扱いに関し一つの法律もない国々が、畜産の全廃を検討しだすまでには相当の時間がかかりそうなものの、グローバル化の進行を思えばそれは予想以上に早く訪れるかもしれない。畜産は広範囲に影響をおよぼす世界的問題であり、効果重視の改革者はその大局を見失わず、自分たちの地域共同体で起こる変化のみに視野を狭めないよう努めなければならない。

運動が世界的な成功を収めるには中国・アメリカ・EU・インドでの取り組みを優先すべきである。個々の改革者は、文化への精通度や市民権の有無、言語運用能力のような自身の適性が、活動拠点を決めるうえで非常に重要であることを肝に銘じなければならない。また、総合的な害の大きさ以外を理由に特定の地域や文化圏を狙うのも禁物である。鶏や魚の飼養に伴うはるかに大きな苦しみを差し置いて、西側諸国が中国の犬肉食という極めて小規模な習慣に矛先を集中させることは甚だ有害であるとわかっている。それは人種差別を支えるだけでなく、畜産利用される動物の擁護運動に他の地域が共感することを根本から妨げる。自分の国を敵として槍玉に挙げる運動に加わりたいと思う人がどこにいるだろうか。

地球規模の組織化という点では、この運動は連携の構築、情報の共有、活動の調整を通し、より効果的な国際団体と国際ネットワークをつくり支えていく必要がある。しかし各国で進められる実際の日常的活動に関しては、その土地の文化をよく知り対話に有利と考えられる地域活動家の雇用・応援・傾聴が鍵になるだろう。

第9章　道徳の輪を広げる、再び

道徳の輪を広げる闘いは、人類史のあらゆる時代に改革者らが挑んできた、人という種の最も重要な長期的取り組みかもしれない。最初の拡張は個人から部族へのそれで、人が狩猟採集民として生存・繁栄することを可能とした。それをさらに拡張したことで、人々は農業共同体、次いで都市、国家の形で協業できるようになった。今日、私たちはなお、これを地球規模に広げて平和と国際的協力を実現するための方途を模索している。大きな前進があった一方で前途も遠く、道徳的配慮を充分に広げてあらゆるジェンダー・セクシュアリティ・民族・その他の属性を覆う課題が残されている。

道徳の輪がより早く充分に広がっていれば、奴隷制や集団殺害や戦争といった史上類を見ない蛮行の数々を防ぐこと、もしくはより早期に終わらせることができたかもしれない。蛮行の根源は特定の情感ある存在を道徳的配慮の枠から排することにある。私たちは道徳の輪を広げた過去の改革者を振り返って賛辞を送るが、将来の歴史家はこの広い文脈に置かれた畜産の終焉をどう評価するだろうか。

目下、大半の人権活動家を含む大多数の人々にとって、畜産場・屠殺場で苦しむ一〇〇〇億以上の動物たちは依然、道徳の輪の外に位置する。[1] 逆に言えば、あなたは本書の読者として、道徳の最前線にいる。読者は畜産利用される動物の利益を考える点で大きな一歩を踏み出したのである。

しかし本書を終える前に、筆者は問いたい――畜産の害に目を見開いた私たちは、なおも他の犠牲者集団、おそらくはさらに大きな数の苦しむ者たちを、見落としてはいないだろうか。現在認知されている喫緊の課題がほとんど過去世代の知るところではなかったことを振り返るなら、私たちがその全てを見出したと考えるのは奢(おご)りに思える。なるほど今の世代は先祖らよりも長い歴史の蓄積を持っている。が、一九五〇年の人々は一八五〇年の人々に対して同じことが言えたのであり、それでいて二〇世紀後半の大きな公民権の発展などはおそらく想像もしていなかった。ほとんどの時と場所に生きたほとんどの人々が、その思想に何か重大な見落としを含んでいたと考えるなら、私たちの思想がそうでないなどと、果たして言い切れるだろうか。

前を見据えて

教養人の証は、数字の列を見て涙を流せる能力にある。

――出所不明、バートランド・ラッセルの言葉とされる私たち自身の道徳的盲点を発見するには、道徳の輪が相当の範囲——ジェンダー、民族、場所（部族から国家、そして全世界へ）、さらに種——へと広がった過去の展開を振り返り、まだこの輪が充分に覆っていない次元として何があるかを自問してみるのがよい。

以下ではそうした外の次元のいくつかを概観する。それに先立ち、こうした新しい道徳的包摂は容易でなく、SFのようにさえ感じられることを注記しておきたい。筆者はこの前線に関し読者の考え方を変えようとは望まない——ただ開かれた姿勢でいてほしいと願うばかりである。

現代の産業的畜産問題も過去の人々にはバカバカしく思えただろうということは一考に値する。たとえば一七九二年にメアリ・ウルストンクラフトが著わしたフェミニズムの主要著作『女性の権利の擁護』は読者も知っているかもしれない。ウルストンクラフトは女子が男子同様の学校教育を受けられるべきであり、女性が男性同様、自分の考えを公（おおやけ）に話す機会を与えられるべきだと論じた。同じ年に、哲学者のトマス・テイラーはウルストンクラフトへの応酬として『動物の権利の擁護』という本を著わし、女性に権利を与える論理からするなら動物も権利を持たねばならないと論じた。テイラーにとってこれは明らかな背理法であり、動物が権利を持ちえないのは当然なのだから女性もしかり、という論理だった。さいわい、歴史は彼が誤りであることを証明した。

未来の人間と動物

最初に目を向ける次元は時である——ある者が存在するのは今日か、明日か、果ては一〇〇〇年後か。私たちはまだ生まれていない存在のことを日常的に考える。将来の孫世代、あるいは気候変動や天然資源枯渇のつけを負う未来世代などがその例に当たるが、これは氷山の一角にすぎない。未来に暮らす存在は文字通り天文学的な数にのぼりうる。

試算によれば二一〇〇年の地球には九三億から一二三億の人間が存在する。[2] しかし技術が進めば人間はこの星を覆い尽くすに留まらず宇宙の入植まで成し遂げ、さらには地球型の宇宙基地から惑星間に入植者を送り出すことで、指数関数的に居住地を拡大できるようにさえなるかもしれない。この拡大は向こう数十年のうちに始まる可能性もある。技術界の大物であるイーロン・マスクは二〇二五年までに人類を火星に送りたいと望んでいる。[3]

ではこの急速な拡大の後にどれだけの人間が存在しうるか。研究者の試算では、人類が乙女座超銀河団（天の川銀河とその周辺に散る四万七〇〇〇個の銀河群からなる巨大な銀河集合体）を植民すれば、ゆくゆくは一〇の三八乗もの人間（およびさらに多くの動物）が存在することになるという。[4] 惑星をまたぐ拡大は進歩的な社会が広がり栄える大きな機会になると同時に、地球でみられた不平等・迫害・奴隷制・戦争・拷問・集団殺害・その他万般（ばんぱん）の悲劇を広げる恐ろしい危険性も伴う。

惑星間入植のような遠い未来の、起こりそうにないとも思える事態に考えをめぐらすのは、特に目下この星で工場式畜産等の問題から生じている苦しみの数々を振り返れば、空想的で現実離れしているように感じられるかもしれないが、ここに懸かっている利害はまさに文字通り天文学的なので、この果てしなく重大な長期的帰結に影響を与えられるとしたら、どれほど可能性が低かろうとそれは私たちが最大限の善をなそうと望むかぎり道徳的な優先事項となりうる（「遠い未来」優先派は、このようなパスカル風の論理を用いずとも、現に私たちは遠い未来の帰結を大きく左右している可能性が高いと論じる)。

遠い未来に生きる人間と動物の幸福に決定的な影響をおよぼしうる技術として、人工知能(ＡＩ)が挙げられる。したがって遠い未来に影響を与えうる一つの方法は、ＡＩの安全管理、つまりＡＩが世界に負ではなく正の作用をもたらすよう保証する取り組みとなる。心配なのは、ＡＩが徐々に人並みの知能へと近づき、急速な自己更新能力によって突如、最高の人間知性を追い抜くというシナリオである。進化の過程が現在の生物学的知能を形づくるまでには数十億年を要したのに対し、充分に発達した技術は一瞬のうちに自己修正を行ない、それを検証し、同程度に劇的な自己改善を学習する。ＡＩの目標は人間が全面的に統制できる、と考えたくなるのも、悪い結末をＳＦとして片付けたくなるのもわかるが、この分野の専門家は価値観の一致――ＡＩが人間と同じ価値観を持つかどうか――を難問中の難問とみる。まして諸国および諸企業はそうした超知能を我先に開発しようと競争しているような状況である。

より強力なＡＩの開発に取り組む研究者の多さに比して、ＡＩの安全管理に携わる研究チームはごくわずかしかない。したがって重要な決定はほんの一握りの人々によってなされ、しかるべき人脈と情報を兼ね備えた者がＡＩの進展を大きく左右することになるかもしれない。

効果重視の慈善家が今日の人間と動物の苦しみを後回しにして、今から数百年後か数千年後かに生まれるとも生まれないともつかない存在を助けるべく、ＡＩの安全管理といった事業に取り組まねばならない、ということがありうるだろうか。それはバカげているようにも思えよう。が、畜産利用される動物の擁護者はこちらの主張を否定する人々と話した経験を思い出す必要がある。その人々は言う。「こんなに多くの人間が苦しんでいるときに鶏や魚のことを考えるのはどうかしている」あるいは「お前らの食事なんて世界の食品システムには何の影響も与えないよ」と。AI安全管理などの取り組みを通して大勢の他者に影響を与えられるにもかかわらず、今ある苦しみのみに目を向けるべきだと主張すれば、同種の過ちを犯すことになりはしないだろうか。私たちの影響力が大海の一滴に思えるからといって（絶対量に換算すればとてつもないが）、数知れない未来の存在を見捨てるのは誤りに思えないだろうか。

　効果的な利他主義の優先尺度である規模・未開拓度・難易度を考えてみよう。遠い未来の規模は近い未来のそれより文字通り宇宙大に大きい（一時（いちどき）に一〇の三八乗もの人間が存在し、時代は数百万年にもおよびうるのだから！）。加えてこれは甚だ未開拓の領域でもあって、関連する事業で常勤社員として雇われている者は目下、ほんの数十人にすぎない。他方、遠い未来は制御が難しい。短期的な取り組みと違い、努力が実っているかを確かめる成果分析の機会も、努力の効果を高めるための歴史的証拠も限られている。そこで改めて問わなければならない――この事業は宇宙大の難度ゆえに、宇宙大の規模と甚だしい未開拓度を考えても放棄すべきなのか。多くの効果的な利他主義者は、そうは考えない。[5]

野生動物

目下ないがしろにされている最大集団で、未来にはやはり天文学的な数になると思われるのが、人間文明の外にあたるサバンナ・熱帯雨林・湖沼・海洋・等々に暮らす野生動物たちである。* 多くの人々は、未来の人間についてもある程度は気にかけるのと同様、野生動物についても今日の時点である程度は気にかけている。象やパンダやシャチのようなカリスマ性のある大型動物は共感を呼ぶ。これらの種は現代の保全努力を物語る代表者となっている。時にはカリスマ性の劣る一匹の動物が気にかけられることもあり、巻いた角が小さな木に絡まった野生の羊などがその例に当たる。ジョギングをしていた人物がそのような苦しむ羊を森で見かけ、絡まりを解いて徐々に訪れる脱水死の危険から救助した。介入のようすはユーチューブに投稿され、視聴者はその勇敢な行動を褒め称えた。[6] 自然の災難からであれ人為のそれからであれ、一頭の野生動物を救助する行為は広く賞讃される。それはこうした動物たちがペットと同じく重要な利益を持つと考えられているからである。野生動物は犬や猫や人間と同じように、苦しみと幸せを感じる能力を持つ。

＊ 水系はさておき、サバンナや熱帯雨林には人々が暮らしているので、「人間文明の外」という記述は問題がある。

しかし世界には救いなど期待できずに苦しむはるかに多くの野生動物たちが存在する。かれらは驚くべき頻度で怪我や病気や飢餓に悩まされる。しかしこれまでのところ、野生動物たちの福祉を向上させる大規模な介入の研究や推進はほとんど行なわれていない——人間は輸送・農業・建築によって、その福祉にとてつもなく甚大な影響をおよぼしているというのに。問題は野生界に干渉するかどうかではなく、現在の無計画なアプローチを続けるべきなのかどうかである。

角が木に絡まった羊を助けた人物や、特定の動物たちを健康体に戻す野生動物リハビリ療法士が称えられるのだとすれば、あらゆる野生動物の苦しみを防ぐ体系的な取り組みがなされるべきということにならないだろうか。ケニアの男性パトリック・キロンゾ・ムワルアは、その仕事を地域共同体の規模で行なっている。豆農家の彼はひどい乾期の際に給水車でサバンナを回り、乾いた水場を満たして、この助けなしでは脱水に苦しみ命を落としかねない象やサイや他の動物たちを助ける。[7]

はっきりさせておきたいが、ここで考えているのは単なる自然生息地の保全ではない。むしろこれはあからさまに自然に介入し、大きな苦しみを被る並みいる野生動物らの福祉を高め、自律性を守る発想である。

考えられる介入案を評価する際には「自然に訴える論証」の誤謬に気を付けなければならない。「自然は本来良いものなのだから、いかなる介入も必ず問題含みになる」という議論はこの誤りを犯す。野生動物は可能なかぎり最高の状態で暮らせるように進化した、と考える理由はない。それは人間がマラリアのような自然の病気で苦しみ、自然災害で家や家族をなくし、制御できない悪天候その他による自然な食料不足に見舞われているとき、最高の暮らしを送っているとはいえないのと同様である。野生動物の救助やリハビリにみられる通り、個々の動物には思いやりが向けられる。ただ私たちは、個に注目するその観点で野生動物の集団を捉えることができず、かれらを種や生態系といった情感なき単位へと抽象化してしまう。

無論、個に注目する介入主義の哲学的立場をとったとしても、それとは別の経験的な問いとして、野生動物の生をどのように高めるかは考えなければならない。ややこしい状況に置かれた者を助けようとすれば、相手が人間であれ人間以外であれ、逆効果となって益よりも害をおよぼす可能性はある。だからこそ野生動物福祉の分野は、そうした動物の救助へ向けた効果的戦略を探る研究と、この分野を育てて従事者を増やす推進運動から始まった。人間に関わる新たな問題――たとえば何百万人もの福祉を脅かす感染症の拡大など――を打破するときと同様、必要なのは急ぎながらも慎重な前進であり、有望な介入策が敷けるときに行動を起こせるよう、証拠の収集と評価に努めなければならない。

不確実性はすぐにも助けが欲しい人を助けない不干渉の理由にはならず、野生動物を助けない理由にもなるべきではない。

野生動物の苦しみを防ぐための介入から生じそうな影響については、すでに多数の証拠が揃っているとの声もある。人類は歴史の大半にわたって野生動物の集団と生息地を滅ぼしてきたので、助ける試みも負の結果をもたらすだろう、ということは考えられる。しかし動機も方法も異なる以上、この比較はとても参考にならない。人類はもっぱら自然界を人間の便益に資する道具とのみみてきたが、それならばどうして野生動物を利することが期待できるのか、との疑問も浮かぶ。ここは発想を変え、介入をそれ自体の功罪から評価する必要がある。そして同様の方法を用いた過去の介入の分析を含め、注意深い研究を経て案出された介入手法の全てが益よりも害をなすように思われたら、当然その使用は控えるべきだろう。

それでも読者が、これは母なる自然の攪乱であって避けるべきだと強く直感するようであれば、本書の初めに登場した個々の元農用動物たちに関してそうしたように、個々の野生動物の視点を考えてみよう。もし自分が旱魃に苦しむ象やねずみで、常に渇きのつらさを負って生きつつ、望みもなく草原を彷徨っているとしたら、人間が土地の水場を満たしてくれるのはありがたいと思わないだろうか。時間をかけて苦しい死をもたらす感染症に悩んでいたら、薬をありがたがりはしないだろうか。さらにいえば、もし誰かがその手助けをできるにもかかわらず、いわゆる「生命の輪」に干渉したくないという思いから手助けの提供を拒んだら、あなたは納得して「そのままでよい」と言い、緩慢な死を受け入れるだろうか。それとも相手が持っている水や薬を必死に懇願するだろうか。

念のため言っておくと、筆者は明日から外へ出て野生動物に与えられるだけの水とワクチンを与えるのがよいと主張しているのではない。言いたいのは、道徳の輪が広がるなか、私たちはこうした動物たちの利益を踏まえて介入の功罪を綿密に評価しなければならない、ということである。給水やワクチン接種については、それが集団規模を拡大させるか、だとすれば大きくなった集団は他の動物の福祉にどう影響するかなど、あらゆる効果を研究し、加えてそれと同時もしくは独立に使用できる他の手法も研究する必要がある。野生動物に影響をおよぼす現在の行ないにははるかに慎重な態度で臨み、気候変動や農業などが地球生態系のみならず個々の野生動物の福祉にどう影響するかを確かめなければならない。おそらくこの取り組みに着手するのは、畜産や他のより明瞭な苦しみの根源を消し去った後のことと思われるが、さしあたり野生動物福祉の研究と意識啓発を進め、未来の改革者たちが歩む道を整えることはできよう。[8]

虫

すでに大変な領域へ入っているが、ここでさらに道徳的直観を拡張すべく、私たちの周りに暮らす小さな動物たちに光を当てたい。蜘蛛からミミズに至るこの生きものたちに私たちはほとんど目を向けず、せいぜい時々うるさい蚊を叩いたり蜘蛛を家から追い出したりする程度にすぎない。

しかし虫——昆虫・蜘蛛・ミミズなどのあらゆる小さな無脊椎動物を指すものとする——の学問的探究は盛んで、神経科学者や生物学者はその神経系や行動を調べている。ここで情感の議論にまで立ち戻るつもりはないが、間違いなく虫は普段私たちが情感と結び付ける行動の多く、たとえば危険から逃れる、食物に寄り付くなどの振る舞いを見せる。これについては、人が同じ行動をとる際に抱くのと同様の感情に虫たちも突き動かされている、と説明するのが一番わかりやすい。危険から逃れるのは恐怖による、おいしい食べものに近づくのは興奮による、というように。多くの虫は過去の経験にもとづき、ある結果を追求もしくは回避する強化学習の能力まで示す。[9]

解剖学的次元では、ミバエの幼虫が熱いものに触れると逃げること、その行動が脊椎動物の痛覚ニューロンに似たニューロンの媒介を経ることが、ある研究で確かめられた。[10] 別の研究は動揺したミツバチが人間同様、悲観的になることを発見した。[11] ここでも情感はややこしい問題で適切に扱いかねるものの、証拠によれば多くの虫は少なくともかすかな情感を具えている、とだけは言えようし、そうだとすればかれらには最低でもある程度の道徳的配慮が向けられなければならない。配慮はごく小さなものになるとも考えられる。鶏のような畜産利用される動物の道徳的価値に比べ、虫の価値を一〇〇〇分の一に見積もったとしよう。おそらくこれでも大きすぎる。では一〇〇万分の一としてみよう。そう見積もったとしても、この世に何匹の虫がいるかを考えてみればよい――試算によればその数は一〇の一八乗から一九乗（一〇〇京から一〇〇〇京）にもなる。虫の道徳的価値を畜産利用される動物の一〇〇万分の一とみても、合計量にすれば前者の道徳的価値は後者のおよそ五倍から五〇倍に達する。[12]この思考は浅薄で単純には違いないが、少なくともそう考えれば、総合的にみて虫は熟慮されるに値する。

　虫のほとんどは野生動物なので、野生の象やねずみを助ける際と同様の救助難易度を考える必要がある。ただし、虫は昆虫食の人気が高まるなどすれば、なおも大きな人為の苦しみを負わされかねない。未来の食に関する大会や催事では、昆虫蛋白質がよく論じられるのに加え、これに大きな将来的役割を見出す食通も多数みられる。昆虫食が温室効果ガス排出をはじめ、従来の畜産に伴ったいくつかの害を緩和できる点は評価するが、蛋白質一ポンドのために苦しみ殺される昆虫の数は、牛や豚どころか魚や鶏と比べても桁が違う。したがって犠牲となる昆虫の数が膨大であるという点から、昆虫消費への移行には慎重でなければならない。昆虫は哺乳類・鳥類・魚類ほど工場式畜産の監禁状況を苦にしないだろうという点は気休めになるものの、病気や屠殺など、他の部分はやはり大きな懸念事項である。

　さいわい、昆虫その他の虫を食べる習慣は目下さほど人気がなく、植物性食品や培養食品に比べ昆虫の消費は気持ち悪さが大きい。また、今日の状況よりは昆虫を食べるほうが好ましいと考える者がいても、植物肉や培養肉を食べるほうがそれよりはるかに良いことは食の倫理学者の大半が認めている。

人工情感

最後に残った道徳的思考の題材は、情感ある存在のなかで自然ではないもの、つまり人間や他の動物のように進化したのではなく、人間その他の知的存在によって創作ないし改造されたものである。哲学者たちはいつか人類が情感ある生命体をつくる可能性を考えてきた。ここでは人工情感の管理計画を十全に論じる代わりに、この考えられる技術的躍進を擁護する一つの思考実験を示したい。

近い将来、あなたがアルツハイマー病のような脳の病気に罹(かか)ったとしよう。しかし科学者はそれ以上の損傷を防ぐ神経外科学的な方法を編み出した。それは病気に冒されていると考えられるニューロンを、健康なニューロンと同じ働きを持つ小さなコンピュータチップで置き換える案である。初めは少数のニューロンを置き換えるだけであるが、病気の進行に伴い、ニューロンは次々に置き換えられていく。ただしいくら交換をしてもあなたの感覚・思考・行為は何も変わらない。最終的にニューロンは最後の一本まで置き換わる。この技術は非常に高度で、外科医の腕も優れているので、あなたは行動も精神的過程もニューロンの交換前と全く同じで、ただその過程が炭素を主体とする生物学的な基体ではなくシリコンの基体で処理されているにすぎない。つまりあらゆる外部の観察者からみても自分自身からみても、あなたはあなたである。この場合、あなたはほぼ確実に情感を持っており、手術以前と違う扱いを受けるべきではない、と考えるのが妥当ではないだろうか。

こうした状況は理論的にありえないとは言い切れず、現在の技術力はまだまだにせよ、この思考交換技術が実を結べば将来の人工生命は膨大な数になりうる。人間はさまざまな理由でこれをめざすかもしれない。コンピュータ機器は非常に効率的で、人間の脳よりもはるかに速く信号を送れる。病気や加齢による緩慢な劣化も生じにくい。自分の脳を複製し、時間がなくてできなかったさまざまな楽しいことをそれらと協力して行なうという発想もある。[13]

ただしまるごと一個の脳再現はいわゆるデジタルの情感を生む一つの方法でしかない。方法は多数あり、たとえば雇用主は強化学習で育つデジタル頭脳が人間の労働者よりも優秀かつ安上がりと考えるかもしれない。こうした頭脳は人間のそれよりはるかに劣り、特定作業用につくられる可能性もある。人工頭脳は無数の科学実験をしたい企業の労働力になるかもしれない。個人用奴隷ロボットとして、人間の感情を汲み、私たちをよく理解して欲求や願望の全てを満たす形につくられるかもしれない。人間の技術力が発達すれば可能性は無限に広がる。これが夢物語に思えるなら、手元のスマートフォンが人類初の月面着陸を叶えた一九六九年のNASAよりも計算力で優れている事実を振り返ろう。[14]

情感を備えた機械がつくられれば（多くの科学者は可能だと考える）、それが果てしない苦しみにさらされることは予想がつく。性能が劣るデジタル頭脳は、今日の動物たちが人間の道具や財産として扱われるように、下層階級として扱われるだろう。それどころか、デジタルの情感が現れれば、生物に属する犠牲者の場合と同じく、この機械たちが抑圧と闘うための全く新しい社会運動が生まれると考えられる。

影響——動物保護へのフォーカス

道徳の輪が厳密にどこまで広がるべきかは明言しがたいものの、家畜化された動物が最後の前線だとは思えない。今日の私たちが子孫らの道徳の輪にどのような影響をおよぼしうるかは考える必要がある。それは情感ある全ての存在が道徳的利益を充分に配慮される未来を保証しない——今日に生きる者の大多数はそのような配慮に浴さないのだから。

ゆえに非動物性食品がどう広められ、どのような文脈に置かれるかは非常に重要である。非動物性食品の普及が畜産利用される動物への配慮と結び付くなら、それは政治的に無力な情感ある生きものたち、将来ひどい扱いを受けるおそれが最も大きな生きものたちの大規模な苦しみに意識が向けられた主要な前例となる。

しかし代わりに、畜産の撤廃が環境や人の健康といった別の動機のみに結び付けられたとしたら、それはそうした問題への関心が高まった前例になる。そちらは現時点でもはるかに多くの人々が取り組んでいるうえ、価値観の面で情感ある存在の福祉に対立しさえする。たとえば人の健康を重視する考えが昂（こう）じれば人々は赤身肉の消費をやめて鶏や魚を食べるかもしれないが、そうなれば動物の苦しみは増すだろう。長い目で見れば、人の健康重視は人間福祉に資すると思われる残酷な動物実験を増やすことにもつながりかねない。

野生動物の項で論じたように、生態系や生物多様性など、情感を伴わない存在の保全は情感ある存在に対する福祉の代用にしかならない。現在の地球環境それ自体への配慮はむしろ野生動物を害する可能性さえあり、例として地域生態系の健全さを守る目的から外来種に毒や病気などの生物兵器を用いる場合などが挙げられる。たとえばオーストラリア政府はイスラエルで現れたヘルペスウイルスを放って国内の鯉を減らす計画を立てている。[15]無論、生態系の健全さを保つ努力はそこにいる動物にとって利益となるが、その効果であれば直接動物福祉に主眼を置くことで達成できる以上、生態系保存にこだわる必要はない。

私たちが形づくる社会変革は、可能なかぎり私たちの真の価値観を広めなくてはならず、重なる部分はあれど完全には主張と一致しない保存主義のような近い価値観を広めるものであってはならない。[16]情感ある存在の福祉を高める具体的な方法の一つは、動物の法人格という概念を広める取り組みであり、第1章で取り上げた「人ならぬ動物の権利プロジェクト」（NhRP）の仕事などがその例に当たる。法律において財産ではなく人格と扱われることが被抑圧集団の人々にとって大きな前進であったように、これは人間以外の存在にも大きな利益をもたしうる。

この考え方にもとづくなら、道徳的配慮の境に位置する者をそのさらに外の存在よりも上に置くということがないよう気を付けなければならない。本書では私たちが食べる動物を虫やロボットなどの他集団と道徳的に比較して、前者の地位を高めるために後者の地位を貶めることは努めて避けてきた。情感ある全ての存在が被りうる害を射程に含めるアプローチは、道徳の輪を発展させる鍵になる。

遠い未来に影響をもたらす他の方法

道徳の輪が広がる道を整えること——少なくとも、輪の広がりが減速ないし停滞するという、より大きなリスクを防ぐこと——は、遠い未来の情感ある存在を助ける唯一の方法ではない。世界の道徳的水準は、情感ある存在の福祉だけでなく、そうした存在の数によっても決まる。たとえば人工知能の研究者が行なった調査では、五パーセントの確率でＡＩは人類を絶滅させるかもしれないという。[17] 先に論じたように、私たちが絶滅を防ぎさえすれば未来の情感ある存在は幸せな良き生を送れると信じる場合、そうした結末の回避により多くの力を割くことは至極大きな費用対効果を望める。

遠い未来を良いものにできるかどうかは、人類の価値観と存在だけでなく、その価値観を形にする現在の人類の能力にも懸かっている。つまり、人類はこの世界を住みたいと思う場所にできるのか。価値観を形にするうえで欠かせない能力の一つは理性、すなわち正確な世界像を描き、最高の目標達成につながる決定を行なう力である。総じて人類が立てる目標は本質的に善いものだと信じるのであれば、その目標を達成する能力を高めることは優れた費用対効果を持つ。

この戦略の十全な分析は本書の範疇を超えるが、それよりも道徳の輪を広げるほうがよいと思える決定的な理由の一つは、ただ人類の目標達成能力を高めるだけでは大きな進展だけでなく大きな害悪をも招きうる、という点にある。本書の読者であれば、人類がもたらしたひどい苦しみを少なくともいくつかは知っているだろう。医療や核エネルギーや効率的な製造業などの技術は多くの価値を生み出したが、同時に生物兵器や核兵器、搾取工場、工場式畜産場の元凶でもある。

畜産の終わり

畜産の撤廃は道徳の輪を広げるという大きな試みの重要な一段階であり、本書の大部分はその目標達成に使われる最も効果的な戦略の検証に充てられている。しかし非動物性食品システムへの移行は具体的にどのような形態をとるか。

確かなことはわからないものの、筆者が考えるかぎりでは、まず二つの領域で非動物性食品が普及すると思われる。[18] 第一に、いくらかの非動物性食品、特に卵不使用マヨネーズのような植物性の比較的つくりやすい製品は、学校などの機関や配膳業者の動物性食品に取って代わる。これらの買い手は食料品店ほど人々の需要に縛られないので、植物成分の製品が動物成分のそれより安くなれば、企業に持続可能性の達成目標を課すなどの倫理的要請を通し、比較的容易に移行を促せると考えられる。こうした機関の取り込みを進める牽引者の一人に、若き事業家フーマン・シャーヒーがいる。彼が二〇一六年に立ち上げた組織アースライズは、ハングリー・プラネットなどの植物性食品企業と初等中等教育校をつなぐ仕事に携わる。というのもこの両者は自力でつながりをつくる能力が限られているからである——植物性食品企業は創設が最近で商品の開発に専念している一方、学校は予算が乏しく既成秩序に組み込まれている。目下、アースライズは特に有害かつ植物性蛋白質への置き換えが容易な畜産物としてチキンナゲットに狙いを定めている。生まれたてで規模も小さい（スタッフは四人しかいない）ため、まだ大きな効果をもたらすには至っていないが、同組織は全米中の機関におよぶ広範な転換へ向けた商業的・政策的基盤を整えつつある。[19]

第二に、高級レストランなどでより高価な畜産物を人に先んじて消費する層は、同じ価格帯の非動物性食品、たとえば初めて市場に出回った培養牛挽肉などを買うところから置き換えを始めるだろう。豊かな消費者は平均的な買い手よりも健康や倫理にもとづく購買決定を行なう傾向が強い。この変化は工場式畜産業を直接縮小させる効果こそ薄いものの、非動物性食品の生産者が儲けを生んで製造施設を拡大し、規模の経済によって低価格化を達成するための手助けになる。セレブ・事業家・財界人らがいち早く非動物性食品の消費者層となれば、製品は人気を集め、高い地位に置かれることで憧れの的にもなる。それは人類史のなかで限られた者しか食べられなかった肉が、富と地位の象徴になったのと似ている。

この二領域で充分な拡大が進むと、畜産業界の収益は大きく減り、ロビー活動とマーケティングに使える力も殺がれるだろう。業界は自己防衛の投資を増やすだろうが、これは持てる力を正味で減らす結果になると考えられる。そうなれば、たとえばアメリカの食事ガイドラインを見直して非動物性食品を勧める内容へと変え、公立学校の食堂にそうした食品を普及させるなどの大々的な導入を進めるといった試みも可能になる。そこまで来れば西側諸国の一般庶民は、非動物性食品を特殊な食事制限に励む人々の奇妙で不完全な代替食品ではなく、普通の選択肢とみるようになるだろう。それらの製品が従来の畜産物と区別できないことを示すための味覚テストも増えるに違いない。それをしなければ両者を別物と言い張る批判者が跡を絶たないからである。この流れは非動物性食品に主眼を置く非営利組織の急成長を促し、その規模をおそらく現在のクリーンエネルギー運動にも比肩する大きさへと育てる。畜産業界は巨額を投じて市場に留まろうとするはずなので、非動物性食品の関連組織を成長させる意義は大きい。技術系大手と「フォーチュン五〇〇」[*]に数えられる他の企業は、クリーンエネルギーの導入に努めたときと同じく、動物性食品の提供を削減することに努めると予想される。

＊ アメリカの『フォーチュン』誌が年一回発表する国内の総収益上位五〇〇社のリスト。

多くの人々が動物性食品を消費しなくなれば認知不協和も薄れ、新しいビーガンや準ビーガンらはいわゆる人道的なそれも含む畜産業を道徳的大惨事とみて糾弾しだすだろう。動物食が普通ではなくなり、それが人の健康に必要でも有益でもないという証拠が増えれば、肉の消費にまつわる四つのNも消えていく。活動家たちは動物福祉改革の取り組みで築いた政治家や食品会社や他の機関とのつながりを利用し、非動物性食品を応援する政策変更を求めていく。のみならず、動物性食品に課税し、タバコのパッケージにみられるような注意表示を義務化し、有害な畜産慣行の禁止を拡大し、畜産業への補助金を削減し、植物性食品に補助金を支給することをも求めるかもしれない。

筆者はこの二つの食品システムが混ざり合う過渡期——高所得国で相当な割合の肉・乳・卵製品が植物や細胞培養からつくられ、非動物性食品が今日都会の一部喫茶店で提供される植物性ミルクよろしく、動物性食品と並ぶ普通の選択肢とみられる時期――が今後一〇年から三〇年のうちに訪れると予測する。[20] 培養食品、特に細胞を伴わない乳製品や卵などの食品は、少数の食品大手が大規模生産するようになるだろうが、一部の消費者はビール工場型の小規模生産を好むと思われる。最も一般化しそうなのは動物成分と非動物成分の混合食品である。牛肉を大豆で増量するなどの類例はすでに存在するが、将来のそれは費用削減目的の代物ではなく健康と倫理に資するものとみなされるだろう。この時代には新しい非動物性食品への風当たりも強まり、主としてこれを伝統に背く不自然な加工食品とみなす声が上がると考えられる。この反発はしかし、畜産を主要産業とする国や地域以外では理解を得られそうにない。新たな鳥インフルエンザや豚インフルエンザが流行することへの懸念、旱魃(かんばつ)をはじめとする環境危機、それにもちろん、道徳の輪の広がりに伴う農用動物への思いやりの高まりを背景に、非動物性食品を支持する声が高まっているはずだからである。畜産業の砦となっている地域でも、環境や経済や住民の健康におよぶその弊害は人々の反感を強めていくだろう。

そこからさらに一〇年、二〇年が過ぎ、二〇三八年から二〇六八年頃になれば、高所得国の肉・乳・卵は大部分が非動物性になると予測される。この時点まで来れば多くの低所得国でも都市部に混在型の食品システムがみられるだろう。しかし今日の最貧困国並みに貧しい地域では、食品技術の利用が難しいのに加え、動物が効率的な食料源かつ金の節約手段になりうるため、畜産がなくなるとは思えない。これらの地域で畜産が終わりを迎えるには所得の増加が条件となる。この時期に関して全く予想がつかないのは、畜産の廃絶を求める声が存在しているかどうかである。主流の運動は畜産の全面的違法化をめざしているのか、それとも残存する業界の改善と非動物性食品への消費転換をめざしているのか。自信はないが、筆者の予想では、畜産利用される動物の擁護運動で全廃が焦点となっている国は、この時点ではおそらく多くない。ただしオーストリアやスイスなど、少なくともヨーロッパの進歩的な小国のいくつかではそうした議論も起こるかもしれない。また一部の国では明確に工場式畜産の撤廃を求める運動もみられるだろう。それを実行に移すのは困難に違いなく、畜産業界が業務慣行の禁止を拒めば大きな反動が起こることも予想できる。一九世紀初頭の改革者たちもこれに似て、イギリスの奴隷制を改善しようと試みては失敗してきた。しかしそうした努力の結果としてイギリスの奴隷の完全解放に成功した。[21]

二一世紀後半の高所得国に残る畜産場は、動物の苦しみを大幅に減らした特別商品を主体にしていると思われる。この時点では畜産業の縮小が人々の健康と地域環境に目覚ましい効果をおよぼし始めているに違いない。地方で工場式畜産場が捨てられ、取り壊されたという感動的な話も聞かれだすだろう。不衛生な畜舎の床を覆う廃棄物は野に捨てられなくなり、肥溜め池につながったホースは糞尿を外へ撒き散らさなくなり、地域住民の健康は劇的に良くなる。工場式畜産場の労働者はポスト動物性食品の経済下でより良い新たな仕事を見つけられるかもしれない。もっとも、そこで摩擦が生じるのは新しい産業技術の宿命であり、コンピュータがタイプライターに取って代わったときも、自動車が馬車に取って代わったときも同様だった。動物たち自身は、この残忍な産業内で生まれることはほぼなくなる。「この並みいる牛たちをどうするか」という悩みは消滅する。なんとなれば人工授精で生を与えられる牛は減っていくからである。畜産農家が心を改めて植物農業や細胞農業へと鞍替えしたら自由な牛たちが現れるが、そのときには多数の思いやりあるサンクチュアリや救助者が頼りになる。作物生産に適さない放牧地など、土地の余剰も生じるだろう。この土地は場合によって、特定の気候・土壌条件に耐える強い作物の栽培に使うことも、地力を回復させて弱い作物でも育つ農地にすることも考えられる。しかし畜産をなくした暁に食料が余ることを考えれば（肉の生産にどれだけの植物素材が要されるかを思い出そう）、この土地は風力発電にも、バイオ燃料とするスイッチグラスなどの非可食性植物の栽培にも、細胞培養施設の操業にも、現在耕作可能地に暮らす人々の移住用にも、地球が過密化するなか居住地を必要とする人々の移住用にも、果ては自然の回復にも使える。

筆者の推測では、二一〇〇年までにあらゆる形態の畜産は時代遅れで残忍とみなされるようになる。九九パーセントの畜産を終わらせようとする道徳的潮流は、私たちの子孫を残り一パーセントへの抗議にまで向かわせるだろう。他の歴史的蛮行を振り返っても、初めはその最もひどい側面に抗議が集まっていた制度が、最終的にそもそもの本質からして悪であるとみなされるに至った例はある。牛、鶏、その他、かつて畜産利用されていた動物たちの生き残りはサンクチュアリで暮らし、人間が思いやりの訓練と動物虐待を脱した歴史の回顧を兼ねて世話をすると考えられる。もっとも、そうした動物たちは理想的なサンクチュアリの条件下にあっても苦しむ体に品種改変されてしまっているので、この未来すらないかもしれない。

人々は生産のあり方が良いからではなく、むしろそれが悪いにもかかわらず畜産物を食べている。人類が前代未聞の技術力（細胞や組織に関する深い生物学的理解など）を得るにつれ、肉・乳・卵・

革・その他の製品は運動や脳活動のような生物学的過程に伴う代謝老廃物なしでつくれるようになるだろう。そしてもしいつの日か宇宙への入植が始まるなら、畜産のように持続不可能なシステムを他の星まで持っていく理由があるだろうか。動物・環境・人の健康への配慮に関係なく、システム自体の根本的な非効率性によって、畜産はいつか終わりを迎える。

＊

筆者は慎重な楽観主義に立つが、こうした諸々の長期予測については全く確かなことがいえない。畜産利用される動物から野生動物やデジタルな存在などの新しい集団へ道徳の輪が広がり続けていくのかどうかも皆目見当が付かない。が、それは今の世代の道徳的前進に注目しながらも、心の片隅で考えている。

これは改革者の永遠の闘いである。科学、社会活動、ビジネス、消費選択、その他いかなる役割を通してであれ、私たちは日々の取り組みによって歩みを進める。日常のなかで達成がみられれば手ごたえを感じるが、時には視線を上げ、工場式畜産の終わりや全ての畜産の終わりといった遠い目標にも目を向ける。それは遠い、ことによると絶望的なほど遠い目標にも思える。さらに時おり、星にまで目を向けて人間文明の未来を思い、人類が宇宙を支配すればどうなるかを考える人々もいる。問題が果てしなく感じられるあまり、改革者は強い「世界苦」の感情に囚われることもある——これは改革者が自身の燃え尽きを言い表すのに有用な言葉で、「世界の現実と理想を比べたときに生じる抑鬱（よくうつ）や感情鈍麻」を指す。[22]

しかしこれだけが状況との向き合い方ではない。畜産の道徳的破綻に気づいた人は道徳的な先駆者である。他の改革者らと歩む道には、女性や有色人種や遠い地の人々の権利擁護など、人類の道徳の輪を広げる他のコペルニクス的躍進のために闘った世界中のあらゆる世代にわたる先達らの足跡が刻まれている。

この変革者らが私たちの導き手である。歴史書に綴られたその成功物語を紐解くことは、私たちが進むべき道を知り、まなざしを今日足下で起こっている闘いだけでなくその先へと果敢に投じる契機となる。私たち以前に生きた人々が今日の私たちのために成し遂げたことは、世界がいつまでも同じままではないという確信を与えてくれる――世界は常に私たちが変えていくものなのだ、と。そして私たちは未来の道徳的先駆者らがなぞるべき足跡を残していく。

本書では多数の改革者たちをみてきた。畜産業の残忍性を立証して多くの同世代の人々をこの問題に専心させてきた潜入活動家もいる。スーツをまとってCEOたちと向き合い、大手食品企業と最先端の道徳観念のあいだに横たわる溝を埋めようと試みる非営利組織やビジネス界の代表者もいる。未来の食品を考案・作製する科学者や料理専門家もいる。畜産場の動物を救い出してその物語を伝える救助活動家もいる。何カ月にもわたるキャンペーンで政策変更をもたらそうとするビラ配り活動家や抗議活動家もいる。そして人の健康や人権や気候の保護といった他の重要問題に専任で従事し、それらの運動と畜産撤廃運動の接続に努める改革者もいる。

これがあなたの仲間である。そしてこれが私たちの食のみならず、何十億もの情感ある存在に対する私たちの寄り添い方に革命を起こす世代である。この無数の存在たちは今日まで、人類の道徳の輪から外れて救いもなく苦しんできた。その悲劇が重荷に感じられたときには、右の人々全てが頼りになる。本書で紹介した改革者たちや、畜産業界の粉砕に努める団体ないし企業のスタッフには、電話やEメールを通して接することができる。読者が話を届けたり活動に加わったりすれば、この人々にとって大きな励みとなるに違いない。非動物性食品の導入や畜産利用される動物の環境改善を求める企業向けキャンペーンを支えたければ、マーシー・フォー・アニマルズのヘン・ヒーローズ・プログラムやヒューメイン・リーグのファスト・アクション・ネットワークへの参加を検討するか、あるいはただこれらの組織をソーシャルメディアでフォローするだけでもよい。事業家や生物学者であれば新事業の立ち上げについてグッド・フード研究所に相談しよう。同組織はそのネットワーク上から資金援助や指導を受けられる事業案の一覧を有している。[23] 物書きや社会科学者は情感研究所の筆者に連絡してほしい。話し合いたい研究プロジェクトとして、細胞培養肉に関する最良の用語とブランド戦略などのテーマが挙げられる。効果的な利他主義の思考を保ってその研究成果を振り返り、自分が可能と考えていた以上の大きな効果をもたらす新たな胸躍る方法を見つけよう。

何より大切なこととして、他の改革者たちとつながろう。社会運動の生き死には従事する者たちの関係がどうあるかで決まる。畜産利用される動物の擁護運動など、思いやりの上に築かれた献身的な共同体のなかでは友をつくりやすい。これは巨大な生態系で、自分の一角を見つけようと思えば異なる数人の人物にまみえる必要はあるかもしれないが、このような成長著しい社会運動では全ての人々に居場所がある。

謝辞

最初に最大の感謝を伝えたいのは、可能なかぎり最大の善をなそうと努める効果的な利他主義者たちと動物擁護者たちである。かれらは毎日筆者を鼓舞してくれる。

本書の執筆に比類ない貢献をしてくれたのは人生と研究の伴侶、ケリー・ウィトウィッキーだった。彼女は草稿のほぼ全てを最初に読んでくれた。この研究に最も精通した編集者とあって、誰よりも容易に筆者の誤りを見つけ出してくれた。そして冴える思考と誠実さによって、あふれんばかりの洞察を与えてくれた。実のところ、今この場をおいて、これを言うのに適した時と場所はないように思える――ケリー、結婚しよう。

家族のナンシー、ジョディ、デルフィン、ライゲルに心からのお礼を言いたい。かれらは今のあぶくのような生活とは全く違う幼年期を与えてくれ、想像に限界はないこと、善の行ないは常に一位の輝きよりも大事であることを教えてくれた。

エージェントのステイシー・グリック、編集者のウィル・マイヤーに深謝する。筆者は時にひどく突飛なことを考えるが、両氏は原石に含まれる洞察を見出し、それを万人向けのものへと精製する手助けをしてくれた。とりわけ感謝しているのは、筆者にとって文字通り家族となる出版社、べーコン・プレスを見つけてくれたことである。同社は大手出版社並みの資金力と小企業的な献身ならびに個性を兼ね備えた大志ある組織として瞠目に値する。

きみは人に読ませる本が書ける、と筆者を説得してくれたブライアン・ケイトマンに謝意を表する。執筆中、いくつもの質問に答えてくれたルイス・ボラード、ポール・シャピロ、ペイ・スー、ケニー・トレラ、広範にわたる初期の草稿編集に携わってくれたジェイコブ・ファンネル、ジェイ・クイグリー、キャメロン・マイヤー・ショーブ、ケニー・トレラ、マリアン・ファン・デル・ヴェルフ、作業後半に厳密な目で指摘をくれたベン・デビッダウ、デイヴ・ドゥーディィ、アンドレエアス・ヘフナー、ミッコ・イェーヴェンペー、アラン・レビノヴィッツ、アンジェリーナ・リー、ダニー・リプシッツ、デビッド・クラドルファー、リラ・リーバー、フーマン・シャーヒー、ミミ・トラン、ベン・ウルガフトにもお礼申し上げる。

解題

　肉食文化の問題はつい最近までほとんど顧みられることがなかったが、ここ数年で広く社会の注目を集めるようになった。とりわけ環境問題をめぐる議論では、畜産業が地球温暖化や森林破壊、資源枯渇、等々の大きな原因であると認められ、いまや国連食糧農業機関（ＦＡＯ）や気候変動に関する政府間パネル（ＩＰＣＣ）のような国際機関までが肉食の削減を世界に呼びかけている。[1]加えて畜産業はインフルエンザをはじめとする動物由来の感染症（人獣共通感染症）の主たる温床であり、抗生物質の濫用によって数々の多剤耐性菌をも生み出してきたことから、保健衛生上の脅威とみなされている。[2]さらに動物性食品が肥満・糖尿病・心疾患・動脈硬化・その他、種々の病気を引き起こすこともよく知られている。そして何より、現代の畜産業は無数の動物たちを狭い施設に閉じ込め、一切の自由を奪ってひたすら肉・乳・卵の産出に従事させる無慈悲な営みと化しており、深刻な倫理問題を私たちに突き付ける。もはや物理的にも道徳的にも、今日の食品システムが限界を来していることは隠しようのない事実となった。食品業界はすでに畜産物を主体とする生産モデルからの転換を図り、植物性の代替食品を開発し始めている。何しろ、日本の大手ハム会社すら大豆ミートの加工品シリーズを発売しだしたほどで、それらは動物成分が入っているためビーガン向けではないにせよ、数年前には考えられなかった展開に違いない。無論、こうした潮流が形づくられた背景には、動物たちや地球環境の現状を問い、より良い世界のあり方を模索してきた無名の人々の努力がある。消費者・活動家・研究者・事業家、それに非営利団体・企業・研究機関・各国政府が一体となって、世界の脱肉食化を成し遂げることは、今世紀の大きな課題に数えられるだろう。

　本書は右のような問題意識をもとに、非動物性食品システムの確立へ向けたロードマップを描く戦略の書である。著者ジェイシー・リースは社会運動の分析に携わる非営利シンクタンク、情感研究所（Sentience Institute）の共同創設者であり、効果的な利他主義という哲学をもとに、確固たる証拠（エビデンス）と合理的思考に則って人類の道徳拡張をめざす。本書でもその姿勢は貫かれ、実地調査や統計データ、心理学研究の成果などをふんだんに活かしつつ、食品システムの一新を達成するための最も効果的な戦略が検証される。従来、日本には肉食の弊害やビーガニズムの意義を説いた情報源こそあれ、畜産物中心の食品システムを改めるための具体的な方法論はほとんど存在しなかった。本書はその欠落を補うものとして貴重な役割を担う。著者が用いるデータは日本でほとんど知られていないものばかりであり、これらは非動物性食品の普及や開発に努める全ての人々にとって有用な知識となるだろう。ビーガン関連の事業を始めようとする人々、食や動物に関する啓蒙に携わる人々、社会貢献を望む研究者や技術開発者などは、この本から多くのヒントを得られるに違いない。

個人と構造

本書は欧米圏で発展してきた動物擁護運動や食の正義運動の議論を前提としているため、そのあらましを踏まえておくと趣旨も追いやすくなり、本文の話題を膨らませることにも役立つと思われる。ここでは特に重要な論点として、「個人と構造」の主題に着目したい。

本編を読んでいて目を引くのは、著者が一貫して制度的変革の必要性を強く訴えていることである。いわく、畜産を問い直す従来の議論は主として消費者の行動刷新を重んじ、私たち一人一人がビーガンやベジタリアンになって肉食文化に反対すべきことを説いてきたが、いま必要なのはむしろ政府や企業に働きかけて食品システムの大規模な変革を進める努力である、と。個人の行動を重視するか、社会の制度ないし構造を重視するかという問題は、実のところ動物擁護運動で論争の的となって久しい。本文でも言及されているように、現代の動物擁護運動に決定的な影響を与えたピーター・シンガーの登場以来、主だった動物倫理学者らは足並みを揃えて個人の道徳的態度を問題にしてきた。

シンガーによれば、動物に対する無慈悲な仕打ちは、人間以外の動物をただ人間ではないというだけで軽んじる「偏見ないし不公平な態度」に根差すものであり、これは人種差別や性差別と同様の思考形態である以上、「種差別」と称するにふさわしい。よって動物たちを苦しみから救うには私たち自身が肉食から縁を切り、種差別を克服しなければならない。[3] シンガーの哲学を批判して動物の権利論を確立したトム・レーガンも、動物が道徳的権利を持つのであれば私たちは尊重を伴った扱いに努めねばならず、それは動物の手段化を拒むこと、つまりは動物利用の産物一切を拒むことを意味すると論じた。[4] レーガンにしたがえばビーガニズムの実践はあらゆる人々の道徳的義務である。さらに動物の権利論を民間に広めた功績者ゲイリー・フランシオンは、特に個人努力の必要性を強調する姿勢で知られる。生ぬるい動物福祉政策を進める市民団体に幻滅したフランシオンは、組織に頼らない取り組みとしてビーガニズムの実践と普及を呼びかける。消費者各人がビーガンになり、他の人々をビーガンに変えていくことが、動物搾取の需要を減らして非暴力的な社会を築くための最も有効な活動である、との考え方がその主張の骨子をなす。[5]

こうした議論を背景に、動物擁護運動ではもっぱら個人の行動を重視するアプローチが主流となった。が、今日ではこのような傾向を問題視する識者も少なくない。たとえば社会学者のデビッド・ナイバートは、種差別を個人の偏見や態度とみなすことに異を唱え、差別は社会的・政治的に構築されるイデオロギーであることを指摘する。この理解にもとづくなら、重要な課題は暴力的な思想と営為を形づくる社会の仕組み――ナイバートの議論では資本主義――を変えることであって、個人の道徳的態度を問うだけの運動は重大な見落としを犯していることになる。同じく、哲学者のジョン・サンボンマツは、社会悪に関し私たち全てが罪を負っているという考え方を「真実だが的外れ」だと断じる。なんとなればその考え方は「権力の社会学的次元、つまりどの集団が他よりも大きな権力を持っているか、そしてそれはなぜか、という点を曖昧にするから」である。[6] サンボンマツの批判はポストモダン系の言論人に向けられているが、同じ指摘は個人の責任をことさらに強調する動物倫理学者にも当てはまるだろう。動物解放を支持するフェミニストは、ビーガニズムを実践する難易度が人によって大きく異なる事実に目を向けるべきだと論じる。たとえばA・ブリーズ・ハーパーは、アメリカの有色人種や貧困者が往々にして不健康な加工食品の販売店ばかりが並ぶ「食の砂漠地帯」に追いやられている問題を指摘し、階級や人種による生活条件の違いは動物擁護や食の正義を求めるうえでも無視できないと訴えてきた。[7] 社会的に不利な人々は概してビーガニズムを実践するのも難しい。よって肉食文化を崩し去ろうと思えば、倫理的な消費行動を人々に呼びかけるだけでなく、そのような行動を妨げる不平等な社会構造を変えていかなければならないのは確かである。ポストモダニストのクロエ・テイラーもやはり、さまざまな人間集団が置かれた状況の差異を顧みずにビーガニズムを万人の義務とする倫理学者の態度を批判する。[8]

二〇世紀後半に形成された動物倫理学と動物擁護運動が個人個人の道徳的行動を呼びかけたのに対し、現在は構造重視の立場から旧来のアプローチに対する反省が行なわれている、と概括してもよいだろう。本書はこのような流れのなかに位置づけることができる。著者リースは個人行動の偏重を動物擁護運動の「最大の誤り」と評し、このアプローチが運動の味方になりうる非ビーガン・非ベジタリアンの人々を遠のけてきたこと、企業や政府を巻き込む大規模な社会変革の展望から活動家の目を逸らしてきたこと、の二点を大きな問題として挙げる。ただし本書は、個人よりも構造を重視すべき旨を訴えるだけでなく、構造変革の具体的な戦略をどう組み立てるかという問題に正面から挑んでいるところが最大の特色である。著者の独特な思想にどこまで賛同するかは別として、この議論が肉食文化の克服へ向けたさらなる戦略構想の発達を助けるのは間違いない。

日本の状況

訳者は数年前にビーガンとなり、動物擁護やそれに関連する諸領域の学説や言論を追っていた。その視点から前節でみた個人と構造の問題を考えると、少なくとも今の日本ではどちらを重視するアプローチも同程度に必要とされているように感じられる。というのも、欧米圏と日本を比べると、食の倫理をめぐる状況に大きな落差がみられるからである。

欧米圏ではすでに動物擁護運動が大きな勢力に育ち、動物利用の問題を広く巷間（こうかん）に伝えてきた結果、地域差こそあれ、ビーガニズム的な考え方に対する理解は飛躍的に高まった。本書で紹介される各種データが物語るように、多くの人々はビーガンにならないまでも、動物や環境に配慮した生活が大事であるという認識は持ち合わせている。このような社会であれば、非動物性食品の関連事業や食品業界の改善を求める強気のキャンペーンも相当数の支持が見込めるので立ち上げやすい。しかし日本の場合は、そもそも食の楽しみのために動物を苦しめるべきではないという意識が稀薄である。多くの人々は、ビーガンになろうという志はおろか、動物や環境のために食品生産のあり方を見直そうという考えすら持ち合わせていない。アメリカやEUではバタリーケージ（採卵用の鶏を閉じ込める劣悪な檻）の撤廃を求める法案が持ち上がったとき、業界が卵の値上がりを警告したにもかかわらず、圧倒的多数の人々は法案を支持した。対して二〇二一年二月に日本の環境相がバタリーケージの見直しを進めると述べたときに聞かれたのは不満と罵詈雑言の大合唱だった。[9] これしきの改善にすら反発が寄せられる日本の現状を思うと、肉食中心の社会構造を変えようとする試みも大衆の理解を得られそうにない。動物の肉と、それより少し値の張る植物性の代替肉とがスーパーの棚に並んでいたとき、消費者があえて後者を選ぶ見込みも薄い。せめて動物のためなら多少の負担は受け入れるという程度の利他精神が社会に根付かないことには、構造変革の行方もおぼつかないだろう。そしてそのような利他精神を広めるには消費者の考え方を変える取り組みも不可欠と考えられる。

加えて日本では個人努力があまりに軽んじられているという問題もある。欧米圏では公正な社会の実現へ向けた個人努力の意義が認められ、それを促す取り組みが集中的に行なわれてきたうえで、より大きな変革に着手する必要性が唱えられている。かたや日本では個人努力を求める呼びかけ自体が少ないばかりか、個人努力の限界のみを頻りに訴える風潮が幅を利かせている。とりわけ環境論を主導する知識人らは、個人行動に努める人々が大局を見失っていると言わんばかりに、問題はより根深いもので政府や産業の変革を要する、といった講釈を垂れる（そのくせ言うところの社会変革を実現するための具体的戦略は一つも示さない）[10]。こうした言説は世界のために自分ができることを探ろうとする人々の行動意欲を殺ぎ、漠然とより良い社会の到来を待ち望むだけの他力本願的な大衆を育てる効果しか生まない。もちろん、人々が自分一人の行動など意味がないと考え、今まで通りの消費生活を続けながら、ただ地球と動物にやさしい社会を望むだけであったら、企業は何の改善にも取り掛かろうとはしないだろう。元来、政府や企業を動かすのは支持率や商品の需要であり、それらを左右するのは投票や消費選択といった個人個人の行動にほかならない。まして食品システムの変革という取り組みは他の問題に比べ、消費者の動向に懸かっている部分が大きい。また、ビーガン関連の事業を始めるといったことも、元をたどれば個人の行動に発するものであり、そうした個人らの取り組みが束になって初めて社会構造の変革も可能となる。「個人的なことは政治的なこと」「地球規模で考え地域規模で行動しよう」という考え方はここでも真実である。私生活上の取り組みだけで世の中が変わると思うのは楽天的すぎるが、自分にできることすら行なおうとしない人々ばかりでは何も変わらない。個人努力と社会変革は連続するもの、不可分なものとして、どちらも大切にされるべきだろう。

さらに少なくとも日本の場合、屠殺業者に対する差別の構造をも振り返る必要がある。ビーガンは動物利用に反対するので動物産業の従事者に対し差別的である、という声が時おり聞かれるが、これは事実誤認も甚だしい。日本で実際に屠殺業者を差別してきたのは畜産物の消費者である。殺生戒を奉じていた仏教徒も含め、動物利用の産物を積極的に消費してきた人々こそが、自分の責任を棚に上げ、動物殺しに直接携わる人々をいわばスケープゴートとして貶めてきたというのが歴史の現実である。[11] 消費者の倫理的責任を追及せずに業者を糾弾するという態度は、ともすると容易にこのような職業差別と結び付く。無論、食肉会社やファストフード産業が、社会的に周縁化された人々を労働搾取することで安価な畜産物を量産し、巨額を投じたプロパガンダによって畜産物の需要を創出している状況に対しては徹底した批判が向けられてしかるべきだが、動物搾取の現場で働く人々は、搾取産物を欲する消費者の需要に応えて当の仕事をしているにすぎない。肉食文化の解体をめざす運動が倒錯した正義に陥らないためには、各人がこの構造をよく理解し、動物搾取と労働搾取に加担する消費者の責任を常に念頭に置いていなければならない。個人の行動にはやはり大きな倫理的・政治的意味がある。

一人の行動が何になるのかと思うかもしれないが、個人としてビーガニズムを実践する意義は計り知れない。動物利用の産物を避けようと努めていると、具体的にどのようなところで、どのような形で、動物たちが搾取されているかがよく見えてくる。スーパーやテレビや街の風景が動物製品の宣伝に埋め尽くされていることを知り、私たちを搾取産物の消費へと向かわせる力がいかに強いかを肌身で感じられる。こうした現状認識は社会を変える取り組みの大きな原動力になるだろう。今のシステムが抱える問題を我が事として実感し、それをなくしたいと強く思う経験が、新しい試みに息吹を与える。さらに自分のなかの矛盾を克服した人は、自信を持って正しいと思うことを主張できるようになる。人は弱い生きものなので、みずからに不都合となることは、正しいと思っても中々口に出せない。特殊な事情があるならばいざ知らず、ただ自分が食べたいというだけで畜産物を消費する人々は、肉食がよくないと頭で理解していても、それを表立って唱えることに躊躇いを覚えるだろう。しかし動物搾取の後押しをやめようと自分にできる限りの努力をしている人々であれば、このような負い目を感じる必要はない。できることを行ない、できないことに関しては社会の仕組みに原因を見出しその改善を求めていく、という姿勢は筋が通っている。個人努力の重視が昂じたあげく、社会構造の問題を軽んじ、完璧な生活を送れない人々の至らなさを責めるような傾向が生じてはならないが[12]——そもそも現在の世の中ではビーガンも含め、倫理的に「完璧な生活」を送れる人間などいない——、かといって個人努力を侮ることもあってはならない。本書の著者も含め、欧米圏の動物擁護論者で構造重視の立場をとる人々は、いずれもビーガニズムやそれに近いベジタリアニズムを実践しているのが普通である。環境保護論者もなるべく畜産物を控える生活をしている人々が多い。こうした実践は遠大な話に先立つ基本ということだろう。個人の変革と構造の変革が車の両輪であるという点は、よくよく強調されてよい。

未来を見据えて

数年前に比べると、日本でのビーガン生活も楽しみが増えてきた。植物性ミルクの種類は把握しきれないほど増え、大豆ミートの加工品も店頭で普通に見かけるようになり、毎年いくつもの新しい植物性食品が発売されている。外食店にも動物成分なしのメニューがちらほら現れ始め、ビーガンにも非ビーガンにも好評を博している。テレビで非動物性食品の特集が組まれる機会も多くなり、この分野に対する世間の関心は日に日に高まっている。いずれも、一昔前のビーガンが遠い未来の夢として語っていた展開である。時代は確かに前進した。

しかし肉食文化の克服、あるいはビーガン生活の一般化という目標からみると、まだまだ前途多難の感も否めない。なるほど目新しい植物性食品は増えたが、その多くは値が張り、販売店も限られているため、一般的な加工食品を買う感覚でそう気楽に購入できるものではない。数百グラムで数千円もする疑似肉商品をネット注文で買おうという気になれるのは、一部の豊かな人々だけである。身近なスーパーで手に入る安価で使い勝手のよいビーガン商品となると決して多くない。そこで出費を抑えたいビーガンは、今でも豆腐や油揚げや茸のような昔ながらの食材を愛用することになる。ビーガンはそれで構わないが、より畜産物に近いものが食べたい人々は安い代替食品の発売を待ち望んでいるだろう。

また、細かいことに思えるが、ビーガンのなかにはパーム油を避ける人々が多い。ショートニングや植物油脂として使われるパーム油は、ヤシ林の開発によって東南アジアの森林を消滅させている破壊事業の産物であり、無数の生きものたちの犠牲を連想させる。非動物性食品の多くもパーム油を含むせいで相当数のビーガンを顧客として逃している可能性が大きい。これは業者にとってもビーガンの消費者にとっても残念なことである。動物問題と環境問題は切っても切れない関係にあるので、動物擁護を支持する人々は往々にして環境保護にも強い関心を寄せる。植物油脂などは米油その他で簡単に代用できるのだから、食品開発業者はこの辺りの事情も認識してくれたらと思う。

その他、外食店の改善も望まれるだろう。一般的なレストランに非動物性のメニューが導入されだしたとはいっても、まだそうした店舗の数は限られている。畜産物や動物成分を避ける人々からすると、どこの店を訪れても何かは食べられる、という状況からは程遠い。よしんば非動物性メニューがあったとしても、大抵は一品しかないので選ぶ楽しみはない。さしあたり外食店は数種の非動物性メニューを取り揃えることが課題だろう。同僚の誘いで肉料理店に連れていかれる非肉食者もいるので、焼き肉店や焼き鳥屋などにも非動物性メニューが必要である。他方、菜食料理店は一般に高級食材にこだわるせいで、量は少なく値段は高いメニューばかりとなっていることが多い。菜食者の層が広がっている今こそ、庶民が気楽に利用できる店が欲されている。

畜産物中心の食品システムが改まるまでには長い道のりがある。が、ビーガニズムは日本でもわずか数年で驚くほど人々の話題にのぼりだした。簡単にその流れを振り返ってみると、二〇一六年まではまだビーガニズムという生活スタイルは知る人のみぞ知る概念だった。ところが二〇一七年にはメディア上にビーガンという言葉が現れ始め、そのたびにSNSのビーガン界隈では欣喜雀躍の声が聞かれた。二〇一八年には堰を切ったようにビーガニズムの話題が取り沙汰され、食品関連の事業者にもビーガンの存在が広く知られだした。この頃からビーガンをめざす人々もよく見かけるようになったと記憶している。そして二〇一九年以降はビーガンが訴えてきた動物利用の問題がさまざまな媒体で報じられ、スーパーや外食店には新しい非動物性食品が並びだした。この目を見張る展開が、これからどのような方向へ進むのかはわからない。しかしビーガニズムの盛り上がりが一時的な流行で終わらないことは確信できる。畜産業の弊害はすでに明らかであり、社会は望むと望まざるとにかかわらず、肉食からの脱却を図らなくてはならない。他方、私たちは畜産や動物利用の問題を知ってしまった以上、消費行動のたびに倫理的な含意を自問することになる。畜産物の消費に居心地の悪さを感じるならばビーガンになるしかなく、ひとたびビーガンになれば、肉食者に戻ることは罪悪感が大きすぎてそう簡単にできたものではない。社会の脱肉食化は前進こそすれ、後退はありえないだろう。

　動物性食品からの決別というと大きな楽しみを失うようだが、これは新しい楽しみの創造である。ビーガニズムの世界は工夫と発見に満ちている。動物製品を買わなくなったことで、それまでは思い付きもしなかった新たな食材の使い方を知る人もいれば、身近な店にこんなものが売っていたのかと嬉しい驚きを味わう人もいる。ビーガン生活を始めた人々は口を揃えて、食の楽しみは減るどころかむしろ広がったと語る。何より、みずからの学びと行ないを通し、ささやかであれ地球や動物のために貢献できることに喜びを感じる。もちろん、何らかの技能や専門がある人はそれを活かして活動や事業を始め、貢献の枠をさらに広げるのもよいだろう。あるいはそうした取り組みへの参加や支援を行なうのもよい。利他の行動は自己犠牲どころか自己実現となる。そしてこれ以上に生きがいを感じられる自己実現もない。種を超えた平和社会の樹立を願い、人の知恵と思考と良心を用いる試みは、誰もが参加できる尊い挑戦である。

最後になりましたが、訳者を発見して貴重な仕事の機会をくださった原書房の中村剛氏、訳出に当たり解釈上の疑問点に答えてくださったマイク・ミルワード先生、中国関連の記述に関する疑問点を解消してくださった龍縁之さん、個人と構造の問題について貴重な示唆をくださった門馬さおり氏、および行き詰まりに悩んでばかりの息子を辛抱強く支えてくれる多忙気味の母に、この場を借りて深くお礼申し上げます。

井上太一

二〇二一年七月

注

はじめに

1　「畜産」という言葉は，動物を食用目的で飼養・殺害する営為を指すものとする（捕獲した野生動物のそれも含む)。「畜産業界」は畜産を営み支える産業や企業を指す。これは食品小売店や，割合は小さいが畜産場と提携する企業，たとえば家畜用抗生物質を供給する製薬会社なども含む。「工場式畜産」は大規模な産業的畜産を指すものと特定する。「動物」という語は日常的な意味で用い，情感を具えた人間以外の動物を指す（おそらく海綿は除かれる)。生物学的には人間も動物である。無脊椎動物は残念ながら本書の分析にほとんど含まれないが，第9章の虫に関する節を参照されたい。

2　Tom Chatfield, “What Our Descendants Will Deplore About Us,” BBC. com, June 27, 2014, http://www.bbc.com/future/story/20140627-how-our-descendants-will-hate-us; Ezra Klein, “What Will Our Grandchildren Hate About Us?” *Washington Post*, September 29, 2010, http://voices.washingtonpost.com/ezra-klein/2010/09/what_will_our_grandchildren_ha.html; Matt Ridley, “One Day We Will See That Meat Is Murder,” *Times & Sunday Times*（London), April 24, 2017, https://www.thetimes. co.uk/article/one-day-we-will-see-that-meat-is-murder-dlr597b2c; Richard Branson, “Investing in a Cleaner Way to Feed a Hungry World,” Virgin.com, August 24, 2017, https://www.virgin.com/richard-branson/investing-cleaner-way-feed-hungry-world; Bill Nye, “I Am Bill Nye and I'm Here to Dare I Say It . . . Save the World. Ask Me Anything!,” *Reddit*, April 19, 2017, https://www.reddit.com/r/IAmA/comments/66ajul/i_am_bill_nye_and_im_here_to_dare_i_say_it_save/dggyrvv/; Anuradha Varma, “Vegan for Life!,” *Times of India*, August 28, 2010, https://timesofindia. indiatimes.com/life-style/health-fitness/diet/Vegan-for-life/articleshow/5513024.cms.

3　Witwicki, “Sentience Institute Global Farmed & Factory Farmed Animals Estimates.” データが不足しているため，虫や他の無脊椎動物は含まれない。

4　Ibid. Approximately 103 billion to 343 billion.

5　Ibid.; Reese, “Sentience Institute US Factory Farming Estimates.”

6　第1章「道徳の輪を広げる」の議論と引用を参照。

7　Yuval Noah Harari, “Industrial Farming Is One of the Worst Crimes in History,” *Guardian*, September 25, 2015, https://www.theguardian.com/books/2015/sep/25/industrial-farming-one-worst-crimes-history-ethical-question.

8　“Diet Reform and Vegetarianism,” Janice Bluestein Longone Culinary Archive at the University of Michigan, accessed November 9, 2017, https://www.lib.umich.edu/janice-bluestein-longone-culinary-archive/diet-reform-and-vegetarianism; Rebecca Fowler, “An Enema of the People,” *Washington Post*, October 23, 1994,

https://www.washingtonpost.com/archive/lifestyle/style/1994/10/23/an-enema-of-the-people/6d510d59-4a93-403c-a60f-2b3605deac57/; Snow, *Mechanical Vibration*, 82-93.

9 Ariel Schwartz, "This Startup Is Making Real Meatballs in a Lab Without Killing a Single Animal," *Business Insider*, November 15, 2016, http://www.businessinsider.com/memphis-meats-lab-grown-meatballs-2016-11.

10 Kenny Herzog, "Why UFC's Toughest Fighters Are Going Vegan," *Men's Journal*, March 21, 2016, http://www.mensjournal.com/sports/articles/nate-diaz-and-other-vegan-ufc-fighters-w199323; Susie East, " 'Vegan Badass' Muscle Man Pumps Iron, Smashes Stereotypes," CNN.com, July 6, 2016, http://www.cnn.com/2016/07/06/health/vegan-strongman-patrik-baboumian-germany-diet/index.html; "Venus and Serena Williams," Veganuary, https://veganuary.com/people/venus-serena-williams/; Rachel Wenzlaff, "NFL Veganism? David Carter, Griff Whalen Have Broken the Mold," NFL.com, September 28, 2016, http://www.nfl.com/news/story/0ap300000 0711369/article/nfl-veganism-david-carter-griff-whalen-have-broken-the-mold.

11 Alok Jha, "Google's Sergey Brin Bankrolled World's First Synthetic Beef Hamburger," *Guardian*, August 5, 2013, https://www.theguardian.com/science/2013/aug/05/google-sergey-brin-synthetic-beef-hamburger.

12 Jillian D'Onfro, "The CEO of a Startup That Makes Fake Meat Explains Why He Didn't Sell to Google," *Business Insider*, June 1, 2016, www.businessinsider.com/pat-brown-on-why-impossible-foods-didnt-sell-to-google-2016-6.

13 Katie Fehrenbacher, "The 6 Most Important Tech Trends, According to Eric Schmidt," *Fortune*, May 2, 2016, http://fortune.com/2016/05/02/ericschmidts-6-tech-trends/.「植物性」という語は動物利用を一切伴わずにつくられる食品を指し，「非動物性」は植物性食品と培養食品の双方を指すものとする。

14 何度にもわたるグーグル本社への訪問ならびにスタッフとの会話による（2016年）。

15 畜産利用される動物の一部は他の動物，時には自分の種に属する動物をも食べる。Michael Pollan. "Power Steer," *New York Times*, March 31, 2002, http://www.nytimes.com/2002/03/31/magazine/power-steer.html を参照。

16 "Feed:Meat Ratios," A Well-Fed World, October 26, 2015, http://awfw.org/feed-ratios/.

17 効果的な利他主義者が動物の救済を優先すべき理由について，より詳しくは Jacy Reese, "Why Animals Matter for Effective Altruism," Effective Altruism Forum, August 22, 2016, http://effective-altruism.com/ea/roo/why_animals_matter_for_effective_altruism/ を参照。

第1章　道徳の輪を広げる

1 畜産業への反対は各人の価値観によって多様な形態をとるが，筆者の経験か

らするに，徹底した害悪の調査は動物福祉を訴える議論に強い説得力があることを示せる。そしてそれこそが非動物性食品の普及に努める本書中の事業家や活動家を支持すべき理由である。

2 Spencer, *The Heretic's Feast*, 201; Cottingham, " 'A Brute to the Brutes?' "

3 存在の大いなる連鎖（scala naturae）に関する記録上最古の議論として，アリストテレスの『動物誌』を参照。

4 Dio, paragraph 25, in Book LXVI, *Roman History*.

5 Pinker, "Cruel and Unusual Punishments," in *The Better Angels of Our Nature*.

6 Mandy Zibart, "Who Are Change.org's 100 Million Users?," Change.org, June 23, 2015, https://www.change.org/l/us/who-are-the-100-million.

7 Rebecca Rifkin, "In U.S., More Say Animals Should Have Same Rights as People," Gallup, May 18, 2015, http://www.gallup.com/poll/183275/say-animals-rights-people.aspx.

8 Chris Berry, "All 50 States Now Have Felony Animal Cruelty Provisions!" Animal Legal Defense Fund, March 14, 2014, http://aldf.org/blog/50-states-now-have-felony-animal-cruelty-provisions/.

9 Humane Society, "Welfare Issues with Gestation Crates for Pregnant Sows."

10 Benson, "Advancing Aquaculture," 15-16.

11 Humane Society, "Welfare Issues with Selective Breeding of Egg-Laying Hens for Productivity."

12 "Nicolaus Copernicus," *Stanford Encyclopedia of Philosophy*, November 30, 2004, http://plato.stanford.edu/entries/copernicus/.

13 Darwin, *The Expression of the Emotions in Man and Animals*, 36, 127.

14 Jörgensen, "Empathy, Altruism and the African Elephant."

15 Sato et al., "Rats Demonstrate Helping Behavior Toward a Soaked Conspecific."

16 Marino and Colvin, "Thinking Pigs."

17 Berndorff, "Klug, aber schweinisch."

18 このモデルは経験的根拠を欠くと批判されているが，人々の時代精神にはこれが根を下ろしているので，当面の議論には役立つ。

19 "Echo: An Elephant to Remember," *Nature*, October 14, 2008, http://www.pbs.org/wnet/nature/echo-an-elephant-to-remember-elephant-emotions/4489/.

20 Sacks, section 7.8, in *An Anthropologist on Mars*.

21 Matt McCall, "Watch: Octopus Carries Coconut-But Is It Using a Tool?" *National Geographic*, June 5, 2015, http://news.nationalgeographic.com/2015/06/150605-octopus-tools-animals-ocean-science/.

22 Darwin, *The Formation of Vegetable Mould*, 23-25.

23 Obee and Ellis, *Guardians of the Whales*.

24 Safina, *Beyond Words*, 27.

25 De Waal, *Are We Smart Enough to Know How Smart Animals Are?*, 9.

26 Safina, *Beyond Words*, 27.

27 Masson, *When Elephants Weep*, 11.
28 Herzog, *Some We Love*, 214.
29 Low, "Cambridge Declaration on Consciousness."
30 "SeaWorld Responds to Questions About Captive Orcas, 'Blackfish' Film," CNN.com, October 28, 2013, http://www.cnn.com/2013/10/21/us/seaworld-blackfish-qa/.
31 Tim Zimmerman, "The Killer in the Pool," *Outside*, July 30, 2010, https://www.outsideonline.com/1924946/killer-pool.
32 『ブラックフィッシュ』に関する現在のシーワールドの見解は以下。https://www.seaworldcares.com/the-facts/truth-about-blackfish/（2017年11月9日アクセス）。また，Jenny Kutner, "The 5 Dumbest Things SeaWorld Has Done in Response to 'Blackfish'（So Far）," *Dodo*, April 23, 2014, https://www.thedodo.com/the-5-dumbest-things-seaworld-521507954.html も参照。
33 Maya Rhodan, "Seaworld's Profits Drop 84% After Blackfish Documentary," *Time*, August 6, 2015, http://time.com/3987998/seaworlds-profits-drop-84-after-blackfish-documentary/.
34 "Q&A about the Nonhuman Rights Project," Nonhuman Rights Project, https://web.archive.org/web/20160811114634/http://www.nonhumanrightsproject.org/qa-about-the-nonhuman-rights-project, accessed November 9, 2017.
35 Michael Mountain, "Update on Hercules and Leo," Nonhuman Rights Project, *Nonhuman Rights Blog*, July 31, 2015, http://www.nonhumanrightsproject.org/2015/07/31/update-on-hercules-and-leo/.
36 Serpell, "How Social Trends Influence Pet Ownership." この統計で野良動物がどう扱われているのかは不明。
37 Kellert, "American Attitudes Toward and Knowledge of Animals."
38 Rothgerber and Mican, "Childhood Pet Ownership, Attachment to Pets, and Subsequent Meat Avoidance."
39 Gabe Bullard, "The World's Newest Major Religion: No Religion," *National Geographic*, April 22, 2016, http://news.nationalgeographic.com/2016/04/160422-atheism-agnostic-secular-nones-rising-religion/.
40 Jane Hughes, "The Best Countries in the World for Vegetarians," *Guardian*, September 23, 2013, http://www.theguardian.com/lifeandstyle/wordofmouth/2013/sep/23/best-countries-to-be-vegetarian.
41 Stephanie van den Berg, "Beatles Guru Maharishi Mahesh Yogi Dies," *Sydney Morning Herald*, February 7, 2008, https://www.smh.com.au/world/beatles-guru-maharishi-mahesh-yogi-dies-20080206-1qno.html.
42 "The Beatles（1960-70）," International Vegetarians Union, https://ivu.org/people/music/beatles.html, accessed November 9, 2017.
43 John 10:11-18（King James Version）.
44 Gen. 1:26（King James Version）.
45 Kristin M. Swenson, "The Bible and Human 'Dominion' over Animals: Superiority

or Responsibility?" *Huffington Post*, August 14, 2010, http://www.huffingtonpost.com/kristin-m-swenson-phd/the-bible-and-human-domin_b_681363.html.

46 "Does God Desire Animal Sacrifices?," *The Skeptic's Annotated Bible*, http://skepticsannotatedbible.com/contra/desire.html, accessed November 9, 2017.

47 Charlotte Meredith, "Thousands of Animals Have Been Saved in Nepal as Mass Slaughter Is Cancelled," *Vice*, July 29, 2015, https://news.vice.com/article/thousands-of-animals-have-been-saved-in-nepal-as-mass-slaughter-is-cancelled.

第2章　檻を空に

1 Reese, "Sentience Institute US Factory Farming Estimates."

2 Arndt, *Battery Brooding*.

3 Gina-Marie Cheeseman, "California Law Banning Confinement Crates Takes Effect in 2015," *TriplePundit*, December 31, 2014, https://www.triplepundit.com/2014/12/california-law-banning-confinement-crates-takes-effect-2015/.

4 Michael Goldberg, "The Failure of Prop 2 in California," *Daily Pitchfork*, February 25, 2016, http://dailypitchfork.org/?p=1040; Wayne Pacelle, "Breaking News: First-Ever Criminal Charges Brought Against Egg Producer for Violating California Prop 2," Humane Society of the United States, February 7, 2017, http://blog.humanesociety.org/wayne/2017/02/breaking-news-first-ever-criminal-charges-brought-egg-producer-violating-california-prop-2.html.　この禁止が機能しているかを確かめるべく工場式畜産場の強制捜査をめぐって地方政府職員と共同作業を進めた動物福祉活動家に筆者は話を伺った。工場式畜産業者は政府職員の視察を認めないと予想されるので強制捜査は必要だったが，その結果は公表されなかった。1200万羽という試算は以下より。"About the U.S. Egg Industry," American Egg Board website, http://www.aeb.org/farmers-and-marketers/industry-overview（2017年11月9日アクセス）。

5 "Meat Boycott Spreads over United States," *San Francisco Call*, January 22, 1910, https://cdnc.ucr.edu/cgi-bin/cdnc?a=d&d=SFC19100122.2.2.

6 Smith, "Factory Farms."

7 Leah Garces, "Dead-End Genetics: Why the Chicken Industry Needs a New Roadmap," *Food Safety News*, January 15, 2014, http://www.foodsafetynews.com/2014/01/dead-end-genetics-why-the-chicken-industry-needs-a-new-roadmap/.

8 Williams, *Delmarva's Chicken Industry*, 11, 23.

9 Lebergott, "Labor Force and Employment, 1800-1960"; US Department of Labor, Bureau of Labor Statistics, "Employment by Major Industry Sector," https://www.bls.gov/emp/ep_table_201.htm.

10 Matthew Prescott, "Your Pig Almost Certainly Came from a Factory Farm, No Matter What Anyone Tells You," *Washington Post*, July 15, 2014, https://www.washingtonpost.com/posteverything/wp/2014/07/15/your-pig-almost-certainly-came-from-a-factory-farm-no-matter-what-anyone-tells-you/.

11 Paul Shapiro, “The Elephant-Sized Subsidy in the Race,” *National Review*, February 17, 2016, http://www.nationalreview.com/article/431453/end-farm-subsidies-now.
12 Knoll, “Origins of the Regulation of Raw Milk Cheeses in the United States”; Albala, “Big Business and the Homogenization of Food,” in *Food*.
13 “Guns,” PollingReport.com, http://www.pollingreport.com/guns.htm, accessed November 9, 2017.
14 Josh Israel, “The Gun Industry Has Systematically Demolished Regulators and Avoided the Fate of Cigarettes,” *ThinkProgress*, December 1, 2015, https://thinkprogress.org/the-gun-industry-has-systematically-demolished-regulators-and-avoided-the-fate-of-cigarettes-c3a763da0b16.
15 Jill Richardson, “ALEC Exposed: Protecting Factory Farms and Sewage Sludge?” Center for Media and Democracy's PR Watch, August 4, 2011, http://www.prwatch.org/news/2011/08/10922/alec-exposed-protecting-factory-farms-and-sewage-sludge.
16 American Egg Board, *Annual Report 2015*, 30.
17 Election 2016 results tool, “Massachusetts Ballot Question 3: Improve Farm Animal Confines,” *Boston Globe*, https://www.bostonglobe.com/elections/2016/MA/Question/3%20-%20Improve%20Farm%20Animal%20Confines.
18 PETAの上級広報官ジェニー・ウッズ氏のEメールより（2017年1月10日）。
19 “The Grief Behind Foie Gras Duck and Goose Liver Pate,” All-Creatures.org, http://www.all-creatures.org/articles/foiegras-peta.html, accessed November 9, 2017.
20 Case no. 1:14-CV-104 civil rights complaint, http://aldf.org/wp-content/uploads/2015/08/3-17-14-ALDF-complaint-ag-gag.pdf, accessed November 9, 2017.
21 “PETA's McCruelty Campaign Timeline,” People for the Ethical Treatment of Animals, http://www.mccruelty.com/why.aspx.
22 動物の着ぐるみが持つ問題を検証するには，抑圧される人間集団の姿を模倣することがどれだけ侮辱的で争点の矮小化につながるかを考えてみるとよい。世界の貧困者や幼い子供など，通常みずから抗議に加われない人々の代弁であっても同様である。動物の場合は事情がやや異なるにせよ，着ぐるみが運動の切実さと重要さを減じる点に変わりはない。
23 Animal Charity Evaluators, “Exploratory Review: PETA.”　PETAがキャンペーンで用いる露骨な性的表象が効果を持たないことは少なくとも一つの科学的実験で確かめられている。Bongiorno, Bain and Haslam, “When Sex Doesn't Sell” を参照。ビジネスマーケティングの分野でも「ポルノ商法」が注目こそ集めても生産的な戦略にはならないとの証拠がある。Wirtz, Sparks, and Zimbres, “The Effect of Exposure to Sexual Appeals”; Spencer Chen, “Booth Babes Don't Work,” *TechCrunch*, January 13, 2014, http://social.techcrunch.com/2014/01/13/booth-babes-dont-convert/ を参照。
24 Ingrid Newkirk, “Hey, What If Factory Farming Were THE ONLY THING Anyone Worked to End?,” Animal Rights National Conference, published online September

1, 2016, https://www.peta.org/blog/ingrid-newkirk-animal-rights-conference-speech/.

25 Lori Montgomery, "Md. Egg Farm Accused of Cruelty," *Washington Post*, June 6, 2001, https://www.washingtonpost.com/archive/local/2001/06/06/md-egg-farm-accused-of-cruelty/e6db2333-3b49-480a-85c0-672c7b9d08cd/.

26 Nathan Runkle, "How One Piglet Changed My Life," Forks Over Knives, July 9, 2015, https://www.forksoverknives.com/ally-to-animals-mercy-for-animals/.

27 Animal Charity Evaluators, "2015 Comprehensive Review: Mercy For Animals."

28 Animal Charity Evaluators, "Why Farmed Animals?"

29 Peter Spendelow, "Our Kinship with Animals: Wayne Pacelle Presents at VegFest," Northwest VEG, August 30, 2011, http://nwveg.org/news?entry=258.

30 "U.S. Orders Largest Ever Beef Recall," CBSNews.com, February 17, 2008, http://www.cbsnews.com/news/us-orders-largest-ever-beef-recall/.

31 "Tyson Tortures Animals," Mercy For Animals, http://www.tysontortures animals.com/; Helen Regan, "Foster Farms Suspends Five Employees After Graphic Video Uncovers Animal Abuse," *Time*, June 18, 2015, http://time.com/3925835/foster-farms-mercy-for-animals-abuse-chickens-investigation-graphic-video/; Stephanie Strom, "How 'Cage-Free' Hens Live, in Animal Advocates' Video," *New York Times*, October 20, 2016, https://www.nytimes.com/2016/10/21/business/video-reveals-how-cage-free-hens-live-animal-advocates-say.html.

32 SF 431（Iowa 2011）, http://coolice.legis.iowa.gov/Cool-ICE/default.asp?Category=BillInfo&Service=oldbillbook&ga=84&hbill=SF431&menu=text, accessed November 9, 2017.

33 Mark Bittman, "Who Protects the Animals?," *New York Times*, April 16, 2011, https://opinionator.blogs.nytimes.com/2011/04/26/who-protects-the-animals/.

34 Luke Runyon, "Judge Strikes Down Idaho 'Ag-Gag' Law, Raising Questions for Other States," NPR, August 4, 2015, https://www.npr.org/sections/thesalt/2015/08/04/429345939/idaho-strikes-down-ag-gag-law-raising-questions-for-other-states; Bill Chappell, "Judge Overturns Utah's 'Ag-Gag' Ban on Undercover Filming at Farms," NPR, July 8, 2017, https://www.npr.org/sections/thetwo-way/2017/07/08/536186914/judge-overturns-utahs-ag-gag-ban-on-undercover-filming-at-farms.

35 Robbins et al., "Awareness of Ag-Gag Laws Erodes Trust in Farmers."

36 Sally Jo Sorensen, "In Farmfest Panel, MN Livestock Producer Group Reps Repudiate ALEC-Inspired 'Ag Gag' Bill," *Bluestem Prairie*, August 7, 2013, http://www.bluestemprairie.com/bluestemprairie/2013/08/in-farm fest-panel-mn-livestock-producer-group-reps-repudiate-alec-inspired-ag-gag-bill.html.

37 デビッド・コーマン・ハイディとの会話より。2017年。

38 Animal Charity Evaluators, " 2015 Comprehensive Review: Mercy For Animals." この試算は執行の費用――企業がサプライ・チェーンにこれらの変更を施し

たか監視し，変更にしたがわない企業へのキャンペーンを実施し，新たな慣行を根付かせる法改正を通過させ，その新しい法律を遵守させる費用——を含まない。

39 Bollard, "Initial Grants"; Blokhuis and Arkes, "Some Observations on the Development of Feather-Pecking"; Perry, "Cannibalism," in *Welfare of the Laying Hen*.

40 United Egg Producers homepage, http://www.unitedegg.org/.

41 Krissa Welshans, "The Cage-Free Egg Dilemma," *Feedstuffs*, March 7, 2016, http://fdsmagissues.feedstuffs.com/fds/PastIssues/FDS8803/fds08_8803.pdf.

42 Bollard, "Initial Grants."

43 Sentience Institute, "Momentum vs. Complacency from Welfare Reforms."

44 Witwicki, "Social Movement Lessons."

45 Mercy For Animals, "Why We Work for Policy Change"; Mullally and Lusk, "The Impact of Farm Animal Housing Restrictions."

46 Mercy For Animals, "Why We Work for Policy Change."

47 Ibid.

48 Animal Equality, iAnimal, http://ianimal360.com/.

49 "How Many Vegetarians Are There?," *Vegetarian Journal*, September/October 1997, https://www.vrg.org/journal/vj97sep/979poll.htm; "Here's Who We Are," *Vegetarian Times*, October 1992.

50 Vegetarian Research Group FAQ, http://www.vrg.org/nutshell/faq.htm#poll.

51 Frank Newport, "In U.S., 5% Consider Themselves Vegetarians," Gallup, July 26, 2012, http://news.gallup.com/poll/156215/consider-themselves-vegetarians.aspx.

52 Table 5.1, in 2014 India Census, http://www.censusindia.gov.in/vital_statistics/BASELINE%20TABLES07062016.pdf.

53 Reese, "Survey of US Attitudes Towards Animal Farming."

54 Humane Society, "Farm Animal Statistics."

55 American Humane Association, "2014 Humane Heartland Farm Animal Welfare Survey."

56 Reese, "Survey of US Attitudes Towards Animal Farming."

第3章　ビーガンテックの興隆

1 Elaine Watson, "Plant Egg Entrepreneur: 'We're Not in Business Just to Sell Products to Vegans in Northern California,' " *FoodNavigator-USA*, September 12, 2013, http://www.foodnavigator-usa.com/People/Plant-egg-entrepreneur-We-re-not-in-business-just-to-sell-products-to-vegans-in-Northern-California.

2 Christine Birkner, "The Good Egg," *Marketing News*, September 2013, http://www.amainsights.com/Content/BooksContents/102/MN_Sept2013-lr.pdf.

3 ある試算によれば，「馬の数が頂点に達するはるか以前」の1880年時点で自動車の数は300万台から400万台に達していた。Eric Morris, "From Horse Power to Horsepower," *Access*, Spring, https://web.archive.org/web/20170402105438/

http://www.uctc.net/access/30/Access%2030%20-%2002%20-%20Horse%20Power.pdf; Stephen Davies, "The Great Horse Manure Crisis of 1894," Foundation for Economic Education September 1, 2004, https://fee.org/articles/the-great-horse-manure-crisis-of-1894/ を参照。
4 US Food & Drug Administration, "Hampton Creek Foods 8/12/15: Warning Letter," August 12, 2015, https://www.fda.gov/ICECI/EnforcementActions/WarningLetters/2015/ucm458824.htm.
5 Craig Giammona and Anna Edney, " 'Just Mayo' Startup Keeps Product Name Despite Lack of Eggs," *Bloomberg*, December 17, 2015, https://www.bloomberg.com/news/articles/2015-12-17/-just-mayo-startup-will-keep-product-name-despite-lack-of-eggs.
6 Sam Thielman and Dominic Rushe, "Government-Backed Egg Lobby Tried to Crack Food Startup, Emails Show," *Guardian*, September 2, 2015, https://www.theguardian.com/us-news/2015/sep/02/usda-american-egg-board-hampton-creek-just-mayo.
7 Olivia Zaleski, Peter Waldman, and Ellen Huet, "How Hampton Creek Sold Silicon Valley on a Fake-Mayo Miracle," *Bloomberg*, September 22, 2016, https://www.bloomberg.com/features/2016-hampton-creek-just-mayo/.
8 Beth Kowitt, "Feds Said to Close Inquiries into Hampton Creek's Mayo Buybacks," *Fortune*, March 24, 2017, http://fortune.com/2017/03/24/hampton-creek-sec-doj-inquiries-closed/.
9 "Hampton Creek on Buying Up Its Own Mayo," *New York Times*, August 5, 2016, https://www.nytimes.com/video/business/dealbook/100000004571839/hampton-creek-on-buying-up-its-own-mayo.html.
10 Gabler, *Walt Disney*, 139.
11 "New NPR Podcast 'How I Built This' Begins with Spanx," *National Public Radio*, September 15, 2016, http://www.npr.org/2016/09/15/494043657/how-i-built-this-spanx.
12 Chase Purdy, "A Food Tech Darling Is Tainted for Reportedly Buying Loads of Its Own Vegan Mayo," *Quartz*, August 4, 2016, https://qz.com/751140/a-food-tech-darling-is-tainted-for-reportedly-buying-loads-of-its-own-vegan-mayo/.
13 Nick Wingfield and Katie Benner, "Hampton Creek, Maker of Just Mayo, Is Said to Be Under Inquiry," *New York Times*, August 19, 2016, https://www.nytimes.com/2016/08/20/business/hampton-creek-investigation-just-mayo.html.
14 "Big Companies Without Profits-Amazon, Twitter, Uber and Other Big Names That Don't Make Money," *Fox News*, October 30, 2015, http://www.foxbusiness.com/markets/2015/10/30/big-companies-without-profits-amazon-twitter-uber-and-other-big-names-that-dont.html.
15 Svati Kirsten Narula, "The FDA Warns Food Start-Up Hampton Creek: You Can't Call It 'Mayo' If It's Not Mayonnaise," *Quartz*, August 25, 2015, https://qz.

com/487656/the-fda-warns-food-start-up-hampton-creek-you-cant-call-it-mayo-if-its-not-mayonnaise/.

16 Shurtleff and Aoyagi, "History of Tofu."

17 Ginny Messina, "Soyfoods in Asia: How Much Do People Really Eat?" Vegan RD, March 1, 2011, http://www.theveganrd.com/2011/03/soy foods-in-asia-how-much-do-people-really-eat.html.

18 Shurtleff and Aoyagi, "History of Yuba"; Shurtleff and Aoyagi, "History of Tempeh."

19 Shurtleff and Aoyagi, "Madison College."

20 K. Annabelle Smith, "The History of the Veggie Burger," *Smithsonian*, March 19, 2014, http://www.smithsonianmag.com/arts-culture/history-veggie-burger-180950163/.

21 最も有名なブランドがどこかを確かめた調査は見当たらないが，アメリカのベジタリアン食専門家はこの評価にほぼ異存ないと思われる。

22 "I Can't Believe It's Not Turkey," *Vegetarian Times*, June 1998.

23 Toni Okamoto, "Celebrating 20 Years of Tofurky: An Interview with Founder Seth Tibbott," Vegan Outreach, November 21, 2014, http://veganoutreach.org/20-years-of-tofurky-an-interview-with-founder-seth-tibbott/.

24 Mosko, *Quadripartite Structures*.

25 Becca Bartleson, "Tofurky Grows in Popularity," Oregon Public Broadcasting, November 26, 2008, http://www.opb.org/news/article/tofurky-grows-popularity/.

26 Katie Hope, "The Vegan Trying to Make the Perfect Burger," *BBC News*, January 19, 2017, http://www.bbc.com/news/business-38664353.

27 Rowen Jacobsen, "The Biography of a Plant-Based Burger," *Pacific Standard*, September 6, 2016, https://psmag.com/the-biography-of-a-plant-based-burger-31acbecb0dcc.

28 Brewer, "The Chemistry of Beef Flavor."

29 Jacobsen, "The Biography of a Plant-Based Burger."

30 Bastide et al., "Heme Iron from Meat and Risk of Colorectal Cancer."

31 Gabrielle Lemonier, "Great-Tasting Veggie Burgers Are Here, but Are They Any Healthier?," *Men's Journal*, November 9, 2016, http://www.mensjournal.com/food-drink/articles/great-veggie-burgers-are-here-but-are-they-any-healthier-w449490.

32 Lindsey Hoshaw, "Silicon Valley's Bloody Plant Burger Smells, Tastes and Sizzles Like Meat," NPR, June 21, 2016, http://www.npr.org/sections/thesalt/2016/06/21/482322571/silicon-valley-s-bloody-plant-burger-smells-tastes-and-sizzles-like-meat.

33 Tara Loader Wilkinson, "How the Humble Burger Could Save the Planet," *Billionaire*, May 11, 2017, http://www.billionaire.com/billionaires/bill-gates/2811/how-the-humble-burger-could-save-the-planet.

34 Serena Dai, "David Chang Adds Plant Based 'Impossible Burger' to Nishi Menu," *Eater*, July 26, 2016, http://ny.eater.com/2016/7/26/12277310/david-chang-impossible-burger-nishi.

35 Brian Niemietz, "Don't Mess with the Chef!," *New York Post*, June 9, 2010, http://nypost.com/2010/06/09/dont-mess-with-the-chef/.

36 Thomas Heath, "One of These Burgers Is Not Like the Others," *Washington Post*, October 26, 2016, http://www.chicagotribune.com/g00/business/ct-whole-foods-beyond-meat-veggie-burger-20161026-story.html.

37 トッド・ボイマン，ジョディ・ボイマンとの会話より。2017年。

38 "GFI Outcomes: Why GFI is a Superb Philanthropic Investment," Good Food Institute, discussion document prepared for Animal Charity Evaluators, August 12, 2016, https://animalcharityevaluators.org/wp-content/uploads/2016/11/GFI-outcomes-successes-doc-2016.pdf.

39 Wild et al., "The Evolution of a Plant-Based Alternative."

40 Krintirasa et al., "On the Use of the Couette Cell Technology."

41 "Soy and Your Health" Physicians Committee for Responsible Medicine, http://pcrm.org/health/health-topics/soy-and-your-health. PCRMが植物食を強く勧める非営利組織であることは念頭に置かれたい。それでも，これは筆者が知るかぎりこの主題に関する最良の情報集である。

42 Kate Ross, "Soy Substitute Edges Its Way into European Meals," *New York Times*, November 16, 2011, http://www.nytimes.com/2011/11/17/business/energy-environment/soy-substitute-edges-its-way-into-european-meals.html.

43 Stephanie Strom, "Trade Group Lobbying for Plant-Based Foods Takes a Seat in Washington," *New York Times*, March 6, 2016, https://www.nytimes.com/2016/03/07/business/trade-group-lobbying-for-plant-based-foods-takes-a-seat-in-washington.html.

44 Stephanie Strom, "General Mills Adds Kite Hill to Food Start-Up Investments," *New York Times*, May 19, 2016, https://www.nytimes.com/2016/05/20/business/general-mills-adds-kite-hill-to-food-start-up-investments.html.

45 Jade Scipioni and Matthew V. Libassi, "Tyson Foods CEO: The Future of Food Might Be Meatless," *Fox News*, March 7, 2017, http://www.foxbusiness.com/features/2017/03/07/tysons-new-ceo-future-food-isnt-meat.html.

46 Ethan Brown, "Why I Am Welcoming Tyson Foods as an Investor to Beyond Meat," Beyond Meat, October 10, 2016, http://beyondmeat.com/whats-new/view/why-i-am-welcoming-tyson-foods-as-an-investor-to-beyond-meat.

47 Hellmann's product page, accessed November 9, 2017, http://www.hellmanns.com/product/detail/1110074/vegan-carefully-crafted-dressing.

48 Maria Yagoda, "Veggie Burgers That Actually 'Bleed' Sold Out in an Hour at Whole Foods," *People*, May 26, 2016, http://people.com/food/veggie-burgers-that-actually-bleed-sold-out-in-an-hour-at-whole-foods/.

49 Jacy Reese, "Even at Whole Foods' Best Farm, Turkeys Suffer," *Huffington Post*, November 25, 2016, https://www.huffingtonpost.com/jacy-reese/even-at-whole-foods-best_b_8648312.html.

50 Wegmans store locator and product webpages, https://www.wegmans.com/, accessed November 12, 2017.

51 Imogen Rose-Smith, "Private Equity Veteran Jeremy Coller Champions Farm Animal Welfare," *Institutional Investor*, January 14, 2016, http://www.institutionalinvestor.com/article/3521168/asset-management-hedge-funds-and-alternatives/private-equity-veteran-jeremy-coller-champions-farm-animal-welfare.html.

52 FAIRR website, http://www.fairr.org/, accessed November 12, 2017.

53 "Tyson Investors Call for Environmental, Social Changes," *Meat+Poultry*, August 24, 2016, http://www.meatpoultry.com/articles/news_home/Business/2016/08/Tyson_investors_call_for_envir.aspx?ID=%7B4E28BCD7-045D-489C-8A41-48A6DDDBE99F%7D.

第4章　植物性食品の勝利への道のり

1 Tobey, *Plowshares*.

2 Rachel Manteuffel, "Meet the Guy Who Envisions a 'Meat Brewery' to Help Solve a Global Problem," *Washington Post*, July 28, 2016, https://www.washingtonpost.com/lifestyle/magazine/meet-the-guy-who-envisions-a-meat-brewery-to-help-solve-a-global-problem/2016/07/22/2e5716b8-3e30-11e6-a66f-aa6c1883b6b1_story.html; Bruce Friedrich, "Nerds over Cattle: How Food Technology Will Save the World," *Wired*, October 7, 2016, https://www.wired.com/2016/10/nerds-cattle-food-technology-will-save-world/; Gigen Mammoser, "Why the Meat Factories of the Future Will Look Like Breweries," *Vice*, October 5, 2016, https://munchies.vice.com/en_us/article/nzk43b/why-the-meat-factories-of-the-future-will-look-like-breweries; Jessica Roy, "Thousands Petition to Get In-N-Out to Add a Veggie Burger to the Menu," *Los Angeles Times*, September 22, 2016, http://www.latimes.com/food/dailydish/la-dd-in-n-out-vegetarian-option-petition-20160922-snap-story.html; Emily Byrd, "Will Adding a Veggie Burger to the In-N-Out Menu Destroy the Country?" *Los Angeles Times*, September 26, 2016, http://www.latimes.com/opinion/op-ed/la-oe-byrd-veggie-burder-in-n-out-20160926-snap-story.html.

3 Emily Byrd, "2016: A Tipping Point for Food," Good Food Institute, December 20, 2016, http://www.gfi.org/2016-a-tipping-point-for-food.

4 動物ごとの生存日数と体重は Tomasik, "How Much Direct Suffering Is Caused by Various Animal Foods?" より。キログラムからカロリーへの変換は農務省の食品成分データベースにもとづく。鶏肉と七面鳥肉は全オプションの合計。卵は調理法を選ばなければならないのでボイルを選択。養殖魚は Tomasik の試算に合わせて鮭を選択。農務省によるナマズの試算はなかった。牛肉は脂肪分15パーセント・あぶり肉を選択。豚肉は全腰部・あぶり肉を選択。牛乳は脂肪分2パーセント・「無脂乳固形分・ビタミンA・ビタミンD添加」を選択。総合的弾力性指数は動物慈善評価局の Impact Calculator により，鶏肉が0.63，七面鳥肉が0.28，卵が0.82，養殖魚が0.43，牛肉が0.67，豚肉

が0.76，牛乳が0.31と試算される。https://docs.google.com/spreadsheets/d/1zvSHSG6QDsxJWSYNVcwTbo-5u1Ms2M6EQ-ALDM53pNo/. 同局は現在この計算システムを使用していない。

5 Ibid.

6 Bob Goldberg and Paul Lewin, "Follow Your Heart Celebrates 40 Years! A Love Story," Follow Your Heart, April 10, 2013, http://followyourheart.com/follow-your-heart-celebrates-40-years-a-love-story/.

7 Merrill Shindler, "Love Vegetarian Food? Follow Your Heart to This Canoga Park Restaurant," *Los Angeles Daily News*, January 17, 2017, http://www.dailynews.com/arts-and-entertainment/20170117/love-vegetarian-food-follow-your-heart-to-this-canoga-park-restaurant.

8 Regan Morris, "The Vegan Boss Who Followed His Heart and Made Millions," *BBC News*, December 19, 2016, http://www.bbc.com/news/business-38248169.

9 Follow Your Heart website, accessed November 12, 2017, https://followyourheart.com/.

10 Bianca Bosker, "Mayonnaise, Disrupted," *Atlantic*, October 2, 2017, https://www.theatlantic.com/magazine/archive/2017/11/hampton-creek-josh-tetrick-mayo-mogul/540642/.

11 Morris, "The Vegan Boss Who Followed His Heart and Made Millions."

12 ミヨコ・スキナーとの会話より。2017年。Holly Feral "Miyoko Schinner: The Tale of a Tenacious Entrepreneur," *Driftwood*, June 4, 2016, http://www.driftwoodmag.com/single-post/?oró/o6/04/Miyoko-Schinner -The-Tale-of-a-Tenacious-Entrepreneur.

13 Tara Duggan, "Vegan Cheese Startup Miyoko's Kitchen Drawing Lots of Investors," *San Francisco Chronicle*, February 16, 2017, http://www.sfgate.com/business/article/Vegan-cheese-company-draws-big-bucks-from-startup-10935279.php.

14 US Food and Drug Administration, *Code of Federal Regulations Title 21*, https://www.accessdata.fda.gov/scripts/cdrh/cfdocs/cfcfr/CFRSearch.cfm?fr=131.110.

15 Moore, "Food Labeling Regulation."

16 Pharr, *Theodosian Code*, 418.

17 Julie Butler, "Two Plead Guilty in Olive Oil Fraud Scheme, Sentenced to Two Years in Jail," *Olive Oil Times*, December 17, 2011, https://www.oliveoiltimes.com/olive-oil-basics/jail-term-for-olive-oil-fraudsters/23081.

18 Tania Branigan, "Chinese Figures Show Fivefold Rise in Babies Sick from Contaminated Milk," *Guardian*, December 2, 2008, https://www.theguardian.com/world/2008/dec/02/china; Associated Press, "China's Top Food Safety Official Resigns," *NBC News*, September 22, 2008, http://www.nbcnews.com/id/26827110; "11 Countries Stop Milk Imports from China," *New Delhi Television Limited*, September 23, 2008, https://web.archive.org/web/20080926235006/http://www.ndtv.com/convergence/ndtv/story.aspx?id=NEWEN20080066441.

19 Food and Drug Law at Keller and Heckman, "Proposed 'Dairy Pride Act' Creates Controversy," *National Law Review*, January 31, 2017, http://www.natlawreview.com/article/proposed-dairy-pride-act-creates-controversy.
20 "Got 'Milk'? Dairy Farmers Rage Against Imitators but Consumers Know What They Want," editorial, *Los Angeles Times*, January 4, 2017, http://www.latimes.com/opinion/editorials/la-ed-plant-milk-fda-20170104-story.html; Melody Hahm, "Dairy Farmers Are Losing the Battle over 'Milk,' " *Yahoo!*, December 22, 2016, http://finance.yahoo.com/news/dairy-farmers-are-losing-battle-over-the-word-milk-fda-184248591.html.
21 "US Sales of Dairy Milk Turn Sour as Non-Dairy Milk Sales Grow 9%," Mintel, April 20, 2016, http://www.mintel.com/press-centre/food-and-drink/us-sales-of-dairy-milk-turn-sour-as-non-dairy-milk-sales-grow-9-in-2015; Mary Ellen Shoup, "Dairy Industry Sees Rise of Plant-Based Milk as 'Serious Threat,' " *DairyReporter*, May 4, 2017, https://www.dairyreporter.com/Article/2017/05/04/Dairy-industry-sees-rise-of-plant-based-milk-as-serious-threat; Scheherazade Daneshkhu, "Dairy Shows Intolerance to Plant-Based Competitors," *Financial Times*, July 14, 2017, https://www.ft.com/content/73b37e7a-67a3-11e7-8526-7b38dcaef614.
22 "Calcium and Bioavailability," Dairy Nutrition, https://www.dairynutrition.ca/nutrients-in-milk-products/calcium/calcium-and-bioavailability; Tang et al., "Calcium Absorption," accessed November 12, 2017.
23 "What's Inside a Plant-Based Burger," *The Dr. Oz Show*, January 2, 2017, http://www.doctoroz.com/episode/21-day-weight-loss-breakthrough?video_id=5257028180001.
24 平均消費量については Pasiakos et al., "Sources and Amounts" を参照。推奨栄養所要量については医学研究所が発行する *Dietary Reference Intakes* の表 S-7を参照。若年女性や高齢者など，一部の層は蛋白質不足のリスクを負う。しかし低蛋白質乳と高蛋白質乳の取り違えがこうした層のリスクを増加させうるという指摘は一度も目にしたことがない。
25 SuperMeat website, http://supermeat.com/meat.html, accessed November 12, 2017.
26 Elaine Watson, "Game-Changing Plant-Based 'Milk' Ripple to Roll Out at Whole Foods, Target Stores Nationwide," *FoodNavigator-USA*, April 18, 2016, http://www.foodnavigator-usa.com/Manufacturers/Plant-based-milk-Ripple-to-roll-out-at-hole-Foods-Target.
27 Ripple Foods website, http://ripplefoods.com/whatshouldmilkbe/, accessed November 12, 2017.
28 Lora Kolodny, "Impossible Foods CEO Pat Brown Says VCs Need to Ask Harder Scientific Questions," *TechCrunch*, May 22, 2017, https://techcrunch.com/2017/05/22/impossible-foods-ceo-pat-brown-says-vcs-need-to-ask-harder-scientific-questions/.

29 "A Proven Past, a Fortified Future," Dean Foods, http://www.deanfoods.com/our-company/about-us/brief-history.aspx, accessed November 12, 2017.
30 Kelley, "The Importance of Convenience in Consumer Purchasing," 32-38.
31 Emily Byrd, "2016: A Tipping Point for Food," Good Food Institute, December 20, 2016, http://www.gfi.org/2016-a-tipping-point-for-food.
32 Holzer, "Don't Put Vegetables in the Corner."
33 "Vegan Butcher Shop the Herbivorous Butcher Easily Surpasses Kickstarter Goal," *Fox 9*, November 25, 2014, http://www.fox9.com/news/1811266-story.
34 "Siblings Build a Butcher Shop for 'Meat'-Loving Vegans," NPR, December 7, 2014, http://www.npr.org/sections/thesalt/2014/12/07/369069078/siblings-build-a-butcher-shop-for-meat-loving-vegans; Melissa Locker, "A Vegan 'Butcher Shop' Is Opening in Minnesota," *Time*, January 7, 2016, http://time.com/4171727/a-vegan-butcher-shop-is-opening-in-minnesota/; Megan Charles, "Anyone for Tofu Turkey? 'Vegan Butcher' to Open in US," *Telegraph*, January 4, 2016, http://www.telegraph.co.uk/food-and-drink/news/anyone-for-tofu-turkey-vegan-butcher-to-open-in-us/; Mahita Gajanan, "The Herbivorous Butcher: Sausage and Steak-but Hold the Slaughter," *Guardian*, January 29, 2016, https://www.theguardian.com/lifeandstyle/2016/jan/29/the-herbivorous-butcher-minneapolis-minnesota-vegan-meats; "Creole, Cold Cuts and Crepes," *Diners, Drive-Ins and Dives*, July 5, 2016, http://www.foodnetwork.com/shows/diners-drive-ins-and-dives/episodes/creole-cold-cuts-and-crepes.

第5章　世界初の培養肉バーガー

1 Weather Underground, https://www.wunderground.com/history/airport/EHBK/2013/8/2/DailyHistory.html.
2 Conversation with Mark Post, 2017.
3 R. M. Hoffman, "The Beginning of Tissue Culture," Elsevier SciTech Connect, September 23, 2016, http://scitechconnect.elsevier.com/the-beginning-of-tissue-culture/.
4 Carrel, "On the Permanent Life of Tissues Outside of the Organism."
5 Ross, "The Smooth Muscle Cell II."
6 Leo Hickman, "Fake Meat: Burgers Grown in Beakers," *Wired*, July 31, 2009, http://www.wired.co.uk/article/fake-meat-burgers-grown-in-beakers; Michael Specter, "Test-Tube Burgers," *New Yorker*, May 23, 2011, http://www.newyorker.com/magazine/2011/05/23/test-tube-burgers.
7 Stephen Pincock, "Meat, In Vitro?," *Scientist*, September 1, 2007, http://www.the-scientist.com/?articles.view/articleNo/25358/title/Meat-in-vitro-/.
8 Ionat Zurr and Oron Catts, "I Feel Like Fake Frogs' Legs Tonight," *NY Arts*, June 25, 2006, http://www.nyartsmagazine.com/?p=3048; "Semi-Living Food: 'Disembodied Cuisine,' " Tissue Culture and Art Project, http://www.tca.uwa.edu.au/

disembodied/dis.html.

9 Van Mensvoort and Grievink, *The In Vitro Meat Cookbook*.

10 Hickman, "Fake Meat."

11 「非常に天才的な」という引用はマーク・ポストとの会話より。2017年。

12 オランダでは動物実験規制によって生きた牛細胞の入手が困難になったため，ポストは研究所近くの屠殺場から牛の細胞を得ることになった。さいわいこの点は大きな批判を招かなかったらしい。将来的に生きた動物から細胞を得られないと考える理由はない。筆者としては余計な倫理的懸念を生まないよう，将来の生産では生きた動物が使われることを望むが，具体的な状況によっては屠殺場の廃棄物を使うよりも生きた動物を囲うほうが不穏かもしれない。

13 マーク・ポストとの会話より。2017年。

14 "Burger Tasting London Aug. 2013," YouTube, https://www.youtube.com/watch?v=_Cy2x2QR968.

15 ライアン・パンディヤとの会話より。2017年。

16 個人的に「閃き」というものは長い時間をかけて蓄積された洞察の表れであることが多いと感じる。

17 "Lab Meat: Tastes Like a Million Bucks," People for the Ethical Treatment of Animals, http://www.peta.org/blog/lab-meat-tastes-like-million-bucks/.

18 "Clara Foods: Egg Whites Without Hens," New Harvest, http://www.new-harvest.org/clara_foods, accessed November 12, 2017.

19 Real Vegan Cheese, https://realvegancheese.org/; Biocurious, http://biocurious.org/.

20 "Sothic Bioscience: Protecting Human Lives While Preserving an Ancient Species," New Harvest, http://www.new-harvest.org/sothic-bioscience.

21 Teresa Novellino, "Modern Meadow Founder Andras Forgacs Makes Leather in a Brooklyn Lab," *New York Business Journal*, October 3, 2016, http://www.bizjournals.com/newyork/news/2016/10/03/modern-meadow-andras-forgacs-reinventor-upstart100.html; Karen Hao, "Would You Wear a Leather Jacket Grown in a Lab?" *Quartz*, February 5, 2017, https://qz.com/901643/would-you-wear-a-leather-jacket-grown-in-a-lab/.

22 Sarah Buhr, "Bolt Threads Debuts Its First Product, a $314 Tie Made from Spiderwebs," *TechCrunch*, March 10, 2017, https://techcrunch.com/2017/03/10/bolt-threads-debuts-its-first-product-a-314-tie-made-from-spiderwebs/.

23 Conversation with Uma Valeti, 2017.

24 Nicola Jones, "Meat-Growing Researcher Suspended," *Nature*, February 25, 2011, http://www.nature.com/news/2011/110225/full/news.2011.119.html; "Meat the Team," Memphis Meats, http://www.memphismeats.com/the-team/; Thomas Bailey Jr., "Futuristic Food Made in Labs Named Memphis Meats," *Commercial Appeal*, February 16, 2016, http://archive.commercialappeal.com/business/entrepreneurs/futuristic-cultured-meat-takes-on-the-memphis-brand-2be5b44c-94c7-6d89-e053-0100007f2094-369345301.html.

25 ジョシュ・テトリックはジェイソン・マシーニーと培養肉について語り合い，それがきっかけでこの分野に関心を寄せ始めた。ジョシュ・バルク，ジョシュ・テトリックとの会話より。2017年。Elaine Watson, "Hampton Creek to Enter Clean Meat Market in 2018: 'We Are Building a Multi-Species, Multi-Product Platform," *FoodNavigator-USA*, June 27, 2017, http://www.foodnavigator-usa.com/R-D/Hampton-Creek-to-enter-clean-meat-market-in-2018.

26 エイタン・フィッシャーとの会話より。2017年。

27 Watson, "Hampton Creek to Enter Clean Meat Market in 2018."

28 ジョシュ・バルクとの会話より。2017年。

29 Dana Kessler, "Israel Goes Vegan," *Tablet*, November 28, 2012, http://www.tabletmag.com/jewish-life-and-religion/117687/israel-goes-vegan; "In the Land of Milk and Honey, Israelis Turn Vegan," Reuters, July 21, 2015, http://www.reuters.com/article/israel-food-vegan-idUSL5 N0YW1L420150721.

30 チェン・コーエン，シャケド・レゲヴ，ヤロン・ボーギンほか，イスラエルの活動家たちとの会話より。2017年。

31 動物慈善評価局を代表し，現代農業財団のシャケド・レゲヴおよびヤロン・ボーギンと行なった会話より。2016年。

32 Elaine Watson, "SuperMeat Founder: 'The First Company That Gets to Market with Cultured Meat That Is Cost Effective Is Going to Change the World,' " *FoodNavigator-USA*, July 20, 2016, http://www.foodnavigator-usa.com/R-D/SuperMeat-founder-on-why-cultured-meat-will-change-the-world.

33 フィンレス・フーズ創設者マイク・セルドンとの会話より。2017年。

34 "History," New Harvest, http://www.new-harvest.org/history.

35 Scott Plous, "Re 'PETA's Latest Tactic: $1 Million for Fake Meat' (news article, April 21)," April 21, 2008, https://www.nytimes.com/2008/04/26/opinion/l26peta.html; Bruce Friedrich, " 'Clean Meat': The 'Clean Energy' of Food," Good Food Institute, September 6, 2016, http://www.gfi.org/clean-meat-the-clean-energy-of-food.

36 Meera Zassenhaus, "On the Name 'Cultured Meat,' " New Harvest, July 7, 2016, https://medium.com/@NewHarvest/on-the-name-cultured-meat-1cc421544085.

37 マーク・ポストとの会話より。2017年。Jacob Bunge, "Cargill Invests in Startup That Grows 'Clean Meat' From Cells," *Wall Street Journal*, August 23, 2017, https://www.wsj.com/articles/cargill-backs-cell-culture-meat-1503486002.

38 Greig, " 'Clean' Meat or 'Cultured' Meat."

39 ニュー・ハーベスト社員との私的会話より。2017年。

40 Specht and Lagally, "Mapping Emerging Industries."

41 社会変革と技術変革の関係はややこしく，本書ではいくつかの重要問題を素通りした。たとえば「技術変革は認知不協和を減らすので社会変革につながらないのではないか」「畜産の終焉を早めればいずれにせよ何十億もの動物に影響がおよぶ。ならばなぜ終焉を迎えるか否かがそこまで重要なのか」。

そしてより複雑なのは「知能爆発〔人工知能の急激な自己成長〕や惑星間移住によっていつか人類の価値観が固定されるとしたら，畜産の終焉を早める努力は大きな方向性の変化をもたらすのではないか」。社会技術ないし社会変革の重視を支持する議論については Sentience Institute, "Social Change vs. Food Technology" が詳しい。

第6章　非動物性食品の心理学

1 Jesse Singal, "The 4 Ways People Rationalize Eating Meat," *New York*, June 4, 2015, http://nymag.com/scienceofus/2015/06/4-ways-people-rationalize-eating-meat.html.

2 Mark Joseph Stern, "A Little Guilt, a Lot of Energy Savings," *Slate*, March 1, 2013, http://www.slate.com/articles/technology/the_efficient_planet/2013/03/opower_using_smiley_faces_and_peer_pressure_to_save_the_planet.html; Hansen and Graham, "Preventing Alcohol, Marijuana, and Cigarette Use."

3 Salganik, Dodds, and Watts, "Experimental Study of Inequality and Unpredictability."

4 Saul McLeod, "Asch Experiment," SimplyPsychology, 2008, http://www.simplypsychology.org/asch-conformity.html; Sarah Knapton, "Nine in 10 People Would Electrocute Others If Ordered, Rerun of Infamous Milgram Experiment Shows," *Telegraph*, March 14, 2017, http://www.telegraph.co.uk/science/2017/03/14/nine-10-people-would-electrocute-others-ordered-re-run-milgram/.

5 Joshua Barajas, "How the Nazi's Defense of 'Just Following Orders' Plays Out in the Mind," *NewsHour*, PBS, February 20, 2016, http://www.pbs.org/newshour/rundown/how-the-nazis-defense-of-just-following-orders-plays-out-in-the-mind/.

6 Jacy Reese, "Our Initial Thoughts on the Mercy For Animals Facebook Ads Study," Animal Charity Evaluators, February 19, 2016, https://animalcharityevaluators.org/blog/our-initial-thoughts-on-the-mfa-facebook-ads-study/.

7 チェン・コーエンほか，イスラエルの活動家たちとの会話より。2016～17年。

8 Singal, "The 4 Ways People Rationalize Eating Meat."

9 "Meatless Meals: The Benefits of Eating Less Meat," Mayo Clinic, http://www.mayoclinic.org/healthy-lifestyle/nutrition-and-healthy-eating/in-depth/meatless-meals/art-20048193, accessed November 12, 2017; Roberto A. Ferdman, "Stop Eating So Much Meat, Top U.S. Nutritional Panel Says," *Washington Post*, February 19, 2015, https://www.washingtonpost.com/news/wonk/wp/2015/02/19/eating-a-lot-of-meat-is-hurting-the-environment-and-you-should-stop-top-u-s-nutritional-panel-says/; Tuso et al., "Nutritional Update for Physicians."

10 人類の祖先が具体的に何を食べていたかについては証拠も乏しく見解も割れている。しかし肉・乳・卵の消費量が現在よりもはるかに少なかったという点は科学的見解が一致しているようである。たとえば Rob Dunn, "Human Ancestors Were Nearly All Vegetarians," *Scientific American*, July 23, 2012, http://news.nationalgeographic.com/news/2005/02/0218_050218_human_diet.html を

参照。

11 Rozin, "The Meaning of 'Natural.' "

12 Macdonald and Vivalt, "Effective Strategies for Overcoming the Naturalistic Heuristic."

13 Dorea Reeser, "Natural Versus Synthetic Chemicals Is a Gray Matter," *Scientific American*, April 10, 2013, https://blogs.scientificamerican.com/guest-blog/natural-vs-synthetic-chemicals-is-a-gray-matter/.

14 42日という数字は "The Life of: Broiler Chickens," Compassion in World Farming, https://www.civs.org.uk/media/5235306/The-life-of-Broiler-chickens.pdf（最終更新2013年1月5日）より。最大寿命は科学研究でもあまり注目されず，容易に答えにくい問題でもあるため，正確な試算は見つけられなかった。が，15年という数字はとりわけ健康管理に気を配って鶏を育てた筆者自身の経験ならびに農用動物専門家たちとの議論にもとづく筆者なりの目安である。実際は短くて10年，長くて20年ということもありうる。20年以上生きた鶏の逸話もいくつかあるが，これらは稀な例外と思われる。

15 Ilya Somin, "Over 80 Percent of Americans Support 'Mandatory Labels on Foods Containing DNA,' " *Washington Post*, January 17, 2015, https://www.washingtonpost.com/news/volokh-conspiracy/wp/2015/01/17/over-80-percent-of-americans-support-mandatory-labels-on-foods-containing-dna/.

16 US Food and Drug Administration, " 'Natural' on Food Labeling," https://www.fda.gov/Food/GuidanceRegulation/GuidanceDocuments RegulatoryInformation/LabelingNutrition/ucm456090.htm accessed November 12, 2017.

17 Erin Brodwin, "This Cornell Scientist Saved an $11-Million Industry-and Ignited the GMO Wars," *Business Insider*, June 23, 2017, http://www.businessinsider.com/gmo-controversy-beginning-fruit-2017-6; Brad Plumer, "More Than 100 Nobel Laureates Are Calling on Greenpeace to End Its Anti-GMO Campaign," *Vox*, June 30, 2016, https://www.vox.com/2016/6/30/12066826/greenpeace-gmos-nobel-laureates; Federoff and Brown, *Mendel in the Kitchen*, 299-300.

18 Gabriel Rangel, "From Corgis to Corn: A Brief Look at the Long History of GMO Technology," Graduate School of Arts and Sciences blog, Harvard University, August 9, 2015, http://sitn.hms.harvard.edu/flash/2015/from-corgis-to-corn-a-brief-look-at-the-long-history-of-gmo-technology/.

19 Rochelle Kirkham, "Taste Test: Does the Future of Meat Lie in a Lab?," *Japan Times*, September 16, 2017, https://www.japantimes.co.jp/life/2017/09/16/food/taste-test-future-meat-lie-lab/; Yuki Hanyu, "Shojinmeat," presented at the International Conference on Cultured Meat, 2016, and New Harvest conference, 2017; Chase Purdy, "A Japanese Food Startup Is Giving High School Kids Meat-Growing Machines," *Quartz*, October 16, 2017, https://qz.com/1103280/japans-shojinmeat-project-takes-a-novel-approach-to-lab-grown-meat/.

20 Siegrist and Sütterlin, "Importance of Perceived Naturalness."

21 Chris Bryant, "Consumer Acceptance of Clean Meat: A Systematic Review," presented at the International Conference on Cultured Meat, Maastricht, September 2017.

22 Azagba and Sharaf, "The Effect of Graphic Cigarette Warning Labels."

23 たとえば Mohorčich, "What Can Nuclear Power Teach Us" の "Public Narrative" の節を参照。

24 テキサス州立大学のボブ・フィッシャーは論文 "You Can't Buy Your Way Out of Veganism" で「動物にやさしい」畜産物への道徳的批判を行なった。

25 Reese, "Even at Whole Foods' Best Farm, Turkeys Suffer."

26 魚介類に関してはあいにく状況があまりに悲惨であり，人道的手法を謳う養殖場がそもそも数えられるほども存在しない。

27 Daley et al., "A Review of Fatty Acid Profiles."

28 Jayson Lusk, "Why Industrial Farms Are Good for the Environment," *New York Times*, September 23, 2016, https://www.nytimes.com/2016/09/25/opinion/sunday/why-industrial-farms-are-good-for-the-environment.html.

29 Gidon Eshel, "Grass-Fed Beef Packs a Punch to Environment," Reuters, April 8, 2010, http://blogs.reuters.com/environment/2010/04/08/grass-fed-beef-packs-a-punch-to-environment/; Capper, "Is the Grass Always Greener?"

30 特別農場の人気が高まれば規模の経済が成立することも考えられるが，規模の経済は通常，特別農場固有の持ち味を犠牲にする産業化を経て実現されるものなので，この見込みは極めて薄い。

31 Witwicki, "Sentience Institute Global Farmed & Factory Farmed Animals Estimates"; Reese, "Sentience Institute US Factory Farming Estimates."

32 Reese, "Survey of US Attitudes Towards Animal Farming." また，ニールセン社による2016年のデータも顧みられたい。それによると，特産肉の売上げは従来的な肉の売上げに比して極小だった。生肉の場合，従来品の市場は319億ドル，有機市場は4億7470万ドル（従来品市場の1.5パーセント），牧草飼養肉市場は2億8820万ドル（0.9パーセント）だった。ここには鶏が含まれないが，鶏は牛よりも工場式畜産場で飼われる率が高く，一羽あたりから得られる肉の量もはるかに少ない。Food Marketing Institute and North American Meat Institute, "The Power of Meat."

33 Jay Shooster, "Guest Column: Animal Welfare Cannot Be Dismissed," *Independent Florida Alligator*, December 2, 2015, http://www.alligator.org/opinion/columns/article_45dfb5b6-98b2-11e5-85f8-83c483e675c4.html.

34 Bastian et al., "Don't Mind Meat?"

第7章　証拠にもとづく社会変革

1 本節から第7章，8章にかけては，この領域の研究を要約した過去の自著作を多数参照する。本節に関しては Reese, "The Animal-Free Food Movement" を参照。

2 Faunalytics, “Study of Current and Former Vegetarians and Vegans.”

3 Mercy For Animals, “Four Out of Five Americans Want Restaurants and Grocers to End Cruel Factory Farming Practices,” PR Newswire, July 13, 2017, http://www.prnewswire.com/news-releases/four-out-of-five-americans-want-restaurants-and-grocers-to-end-cruel-factory-farming-practices-300487484.html.

4 Humane Society of the United States, “Initiative and Referendum History-Animal Protection Issues,” accessed November 12, 2017, http://www.humanesociety.org/assets/pdfs/legislation/ballot_initiatives_chart.pdf.

5 Food Marketing Institute and North American Meat Institute, “The Power of Meat.”

6 Reese, “Survey of US Attitudes Towards Animal Farming.”

7 Crothers, “Free Produce Movement.” イギリスの反奴隷制運動も制度的変革の有効性を示す良い証拠である。Witwicki, “Social Movement Lessons from the British Antislavery Movement” を参照。

8 George Monbiot, “We Cannot Change the World by Changing Our Buying Habits,” *Guardian*, November 6, 2009, https://www.theguardian.com/environment/georgemonbiot/2009/nov/06/green-consumerism.

9 Mazar and Zhong, “Do Green Products Make Us Better People?”

10 代表的な農用動物保護団体であるコンパッション・イン・ワールド・ファーミングは興味深い記事を発表した。Compassion in World Farming, “What We Can Learn from the Anti-Smoking Movement,” May 5, 2015, http://www.ciwf.org.uk/news/2015/05/what-we-can-learn-from-the-anti-smoking-movement-f1.

11 Cameron and Payne, “Escaping Affect.”

12 Sethu, “How Many Animals Does a Vegetarian Save?”

13 Durkheim, *The Elementary Forms of the Religious Life*; Gabriel et al., “The Psychological Importance of Collective Assembly.”

14 StreetAuthority, “How the ‘Death of Meat’ Could Impact Your Portfolio,” Nasdaq, January 22, 2015, http://www.nasdaq.com/article/how-the-death-of-meat-could-impact-your-portfolio-cm435607; Caitlin Dewey, “Is This the Beginning of the End of Meat?,” *Washington Post*, March 17, 2017, https://www.washingtonpost.com/news/wonk/wp/2017/03/17/is-this-the-beginning-of-the-end-of-meat/; Dan Murphy, “Meat of the Matter: Post-Animal Ag?,” *Drovers*, September 20, 2016, https://web.archive.org/web/20160921201139/http://www.cattlenetwork.com/community/meat-matter-post-animal-ag.

15 Michael McCullough, “The Myth of Moral Outrage,” Center for Humans and Nature, http://www.humansandnature.org/mind-morality-michael-mccullough, accessed November 12, 2017; Klandermans, van der Toorn, and van Stekelenburg, “Embeddedness and Identity.”

16 Goodenough, “Moral Outrage.”

17 Wakslak et al., “Moral Outrage Mediates the Dampening Effect of System Justifica-

tion."
18 この点はセレブの賛同についてもいえる。セレブによる擁護は大勢の人々に届く反面，非動物性食品を最新の健康志向や流行ファッションなど，セレブが支持する他の物事と同様の一時的流行と思わせる可能性がある。
19 "Meat Lovers Bite Back as Petition Calls for In-N-Out to Make Veggie Burger," *Fox News*, September 21, 2016, http://www.foxnews.com/leisure/2016/09/21/meat-lovers-bite-back-as-petition-calls-for-in-n-out-to-make-veggie-burger/.
20 Paluck and Ball, "Social Norms Marketing."
21 Bastian et al., "Don't Mind Meat?"
22 Reese, "Confrontation, Consumer Action, and Triggering Events."
23 Anderson, "Protection for the Powerless."
24 Animal Charity Evaluators, "Environmentalism."
25 Mohorčich, "What Can Nuclear Power Teach Us."
26 Bongiorno, Bain, and Haslam, "When Sex Doesn't Sell"; Wirtz, Sparks, and Zimbres, "The Effect of Exposure to Sexual Appeals"; Chen, "Booth Babes Don't Work."
27 Conversation with Alan Darer on behalf of Animal Charity Evaluators, 2017, https://animalcharityevaluators.org/research/charity-reviews/conversations/conversation-with-alan-darer/.
28 Eric Holthaus, "Stop Scaring People About Climate Change. It Doesn't Work," *Grist*, July 10, 2017, http://grist.org/climate-energy/stop-scaring-people-about-climate-change-it-doesnt-work/.
29 Jacy Reese, "Why Is It So Hard to Care About Large Groups of Animals?" *Dodo*, January 26, 2016, https://www.thedodo.com/why-is-it-so-hard-to-care-about-large-groups-of-animals-1573188602.html.
30 "This Day in History: Baby Jessica Rescued from a Well as the World Watches," History.com, http://www.history.com/this-day-in-history/baby-jessica-rescued-from-a-well-as-the-world-watches, accessed November 12, 2017.
31 Desvousges et al., *Measuring Nonuse Damages*.
32 Reese, "Confrontation, Consumer Action, and Triggering Events."
33 Goodman, *Of One Blood*, 124.
34 Berger and Milkman, "What Makes Online Content Viral?"; Wakslak et al., "Moral Outrage Mediates the Dampening Effect of System Justification"; Klandermans, van der Toorn, and van Stekelenburg, "Embeddedness and Identity."
35 Nyhan and Reifler, "When Corrections Fail"; Haglin, "The Limitations of the Backfire Effect."

第8章　地平の拡大

1 Charles Tahler, "How Many Adults Are Vegetarian?," *Vegetarian Journal*, 2006, https://www.fda.gov/OHRMS/DOCKETS/98fr/FDA-1998 -P-0032-bkg-

reference01.pdf; Frank Newport, "In U.S., 5% Consider Themselves Vegetarians," Gallup, July 26, 2012, http://news.gallup.com/poll/156215/consider-themselves-vegetarians.aspx; Faunalytics, "Study of Current and Former Vegetarians and Vegans."

2 Sethu, "Meat Consumption Patterns by Race and Gender."

3 Nzinga Young, "Here's Why Black People Don't Go Vegan," *Huffington Post*, May 19, 2016, http://www.huffingtonpost.com/nzinga-young/heres-why-black-people-do_b_10028678.html; Alexandra Phanor-Faury, "Vegetarianism: A Black Choice," *Ebony*, April 8, 2015, http://www.ebony.com/life/vegetarianism-a-black-choice-333; Aph Ko, "3 Reasons Black Folks Don't Join the Animal Rights Movement-And Why We Should," *Everyday Feminism*, September 18, 2015, http://everydayfeminism.com/2015/09/black-folks-animal-rights-mvmt/.

4 Ko, "3 Reasons Black Folks Don't Join the Animal Rights Movement - And Why We Should."

5 "Feed: Meat Ratios," A Well-Fed World, October 26, 2015, http://awfw.org/feed-ratios/.

6 Haidt, *The Righteous Mind*.

7 Bain et al., "Promoting Pro-Environmental Action in Climate Change Deniers."

8 Feygina, Jost, and Goldsmith, "System Justification"; Dhonta and Hodson, "Why Do Right-Wing Adherents Engage."

9 Aryeh Neier, "Brown v. Board of Ed: Key Cold War Weapon," Reuters, May 14, 2014, http://blogs.reuters.com/great-debate/2014/05/14/brown-v-board-of-ed-key-cold-war-weapon/.

10 Matt Frazier and Stepfanie Romine, "How to Be an Athlete on a Plant-Based Diet," *Sports Illustrated*, May 18, 2017, https://www.si.com/edge/2017/05/18/no-meat-athlete-cookbook-plant-based-diet.

11 Toni Okamoto, "Plant Based on a Budget," http://www.toniokamoto.com/#/plantbasedonabudget/, accessed November 12, 2017.

12 この見方を強く支える議論の一例として，Nick Cooney, "The 2012 Presidential Election and the Future of Veg Advocacy," December 11, 2012, https://ccc.farmsanctuary.org/the-2012-presidential-election-and-the-future-of-veg-advocacy/ を参照。なお，若年層は他の人々よりも将来の社会的・政治的変革に大きな影響力をおよぼすので，この層に重点を置くのは賢明といえる。

13 Bollard, "Farm Animal Statistics."

14 Pi, Rou, and Horowitz, "Fair or Fowl?"

15 Mercy For Animals, "Four out of Five Americans"; You et al., "A Survey of Chinese Citizens' Perceptions on Farm Animal Welfare."

16 Bollard, "How Can We Improve Farm Animal Welfare in India"; US Department of Agriculture, Economic Research Service, *US Per Capita Egg Consumption 1950-2008*, http://www.humanesociety.org/assets/pdfs/farm/Per-Cap-Cons-Eggs-1.pdf, accessed November 12, 2017.

17 India Parliament, *The Prevention of Cruelty to Animals Act, 1960*, http://www.moef.nic.in/sites/default/files/No.59.pdf; "Hope for Hens: India Agrees That Battery Cages Are Illegal," Humane Society International, May 13, 2013, http://www.hsi.org/world/india/news/news/2013/05/victory_hens_india_051413.html; Bollard, "How Can We Improve Farm Animal Welfare in India."
18 Bollard, "Farm Animal Statistics."
19 Devon Haynie, "These Are the World's Most Influential Countries," *US News and World Report*, March 7, 2017, https://www.usnews.com/news/best-countries/best-international-influence.
20 Christine Mahoney, "Why Lobbying in America Is Different," *Politico*, June 4, 2009, last modified April 12, 2014, http://www.politico.eu/article/why-lobbying-in-america-is-different/.
21 Environmental Performance Index, "Country Rankings"; World Animal Protection, *Animal Protection Index*; Tandon et al., "Measuring Overall Health"; US Central Intelligence Agency, *The World Factbook: Obesity - Adult Prevalence Rate*, https://www.cia.gov/library/publications/the-world-factbook/fields/2228.html, accessed November 12, 2017; International Diabetes Federation, *IDF Diabetes Atlas*.
22 "Each Country's Share of CO_2 Emissions," Union of Concerned Scientists, last modified November 18, 2014, http://www.ucsusa.org/global_warming/science_and_impacts/science/each-countrys-share-of-co2.html; Christina Nunez, "China Poised for Leadership on Climate Change After U.S. Reversal," *National Geographic*, March 28, 2017, http://news.nationalgeographic.com/2017/03/china-takes-leadership-climate-change-trump-clean-power-plan-paris-agreement/.
23 Oliver Milman and Stuart Leavenworth, "China's Plan to Cut Meat Consumption by 50% Cheered by Climate Campaigners," *Guardian*, June 20, 2016, https://www.theguardian.com/world/2016/jun/20/chinas-meat-consumption-climate-change.
24 "Making a Difference for Pigs in China," Compassion in World Farming, September 25, 2014, https://www.ciwf.org.uk/news/2014/09/making-a-difference-for-pigs-in-china.
25 Edward Wong, "Clampdown in China Restricts 7,000 Foreign Organizations," *New York Times*, April 28, 2016, https://www.nytimes.com/2016/04/29/world/asia/china-foreign-ngo-law.html.
26 James Nason, "Temple Grandin's 'Thumbs Up' for Japfa's Chinese Feedlot," *Beef Central*, July 9, 2014, http://www.beefcentral.com/live-export/temple-grandins-thumbs-up-for-japfas-chinese-feedlot/; "McDonald's to Boost China Supplier Audits After Food Safety Scandal," Reuters, September 2, 2014, http://www.reuters.com/article/us-mcdonalds-china-idUSKBN0GX0MW20140902.
27 Nick Pachelli, "The Road to a Post-Meat World Starts in China," *Vice*, October 7, 2016, https://munchies.vice.com/en_us/article/the-road-to-a-post-meat-world-starts-in-china.

28 Michael Charles Tobias, "Animal Rights in China," *Forbes*, November 2, 2012, https://www.forbes.com/sites/michaeltobias/2012/11/02/animal-rights-in-china/.
29 Bollard, "Farm Animal Statistics."
30 Drake Baer, "This Startup Is Using Machine Learning to Create Animal Product Substitutes," *Business Insider*, April 26, 2016, http://www.businessinsider.com/chilean-startup-uses-machine-learning-for-meat-subsitutes-2016-4.
31 "Animal Equality's Work in Latin America," Animal Equality, February 16, 2016, http://www.animalequality.net/node/857.
32 Elizabeth McSheffrey and Jenny Uechi, "Meet the Vegan Saudi Prince Who's Turning the Lights On in Jordan," *National Observer*, February 10, 2017, http://www.nationalobserver.com/2017/02/10/news/meet-vegan-saudi-prince-whos-turning-lights-jordan; "Prince Al-Waleed Bin Talal bin Abdulaziz al Saud," *Forbes*, https://www.forbes.com/profile/prince-alwaleed-bin-talal-alsaud/, accessed November 12, 2017.

第9章　道徳の輪を広げる，再び

1 Witwicki, "Sentience Institute Global Farmed & Factory Farmed Animals Estimates."
2 Gerland et al., "World Population Stabilization Unlikely This Century."
3 Sarah Fecht, "Elon Musk Wants to Put Humans on Mars by 2025," *Popular Science*, June 2, 2016, http://www.popsci.com/elon-musk-wants-to-put-humans-on-mars-by-2025.
4 Bostrom, "Astronomical Waste"; Spurio, *Particles and Astrophysics*, 207.
5 人工知能の安全管理については Bostrom, *Superintelligence* が詳しい。
6 See comments on "Trapped Mouflon（Wild Sheep）Rescued by Jogger," YouTube, March 30, 2015, https://www.youtube.com/watch?v=0kmWsd_wMeY.
7 国際メディアが2017年2月に報じたところによると，これは現在もパトリック・キロンゾ・ムワルアによって行なわれている。Christian Cotroneo, "Man Drives Hours Every Day In Drought To Bring Water To Wild Animals," *Dodo*, February 17, 2017, https://www.thedodo.com/water-man-kenya-animals-2263728686.html を参照。
8 本節で論じるように，野生動物は現在，苦しみの原因（人為よりも自然による）という次元でも，種（ヒト科の脊椎動物よりもそれ以外の無脊椎動物が多い）という次元でも，人類の道徳の輪に含まれない。しかし野生動物は「行為と放置」の違いを体現する存在としても重要である。すなわち，動物性食品を食べるなど，行為によって引き起こされる害は，ワクチン接種のような自然界への介入を行なわないなど，放置によって生じる害よりも目に見えやすい。野生動物の苦しみに関する代表的論考としては以下を参照。Brian Tomasik, "The Importance of Wild-Animal Suffering," Foundational Research Institute, July 2009, https://foundational-research.org/the-importance-of-wild-animal-

suffering.

9 Webb, "Cognition in Insects"; Klein and Barron, "Insects Have the Capacity for Subjective Experience."

10 Tracey et al., "Painless."

11 Bateson et al., "Agitated Honeybees Exhibit Pessimistic Cognitive Biases."

12 虫の試算は Tomasik, "How Many Wild Animals Are There?" より。畜産利用される動物の試算（2096億匹）は Witwicki, "Global Farmed & Factory Farmed Animals Estimates" より。結果は4.77倍から47.7倍となる（誤った精密さを避け，簡素化するために概数としてある）。

13 人間の脳をデジタルの世界にアップロードするという可能性については Hanson, *The Age of Em* が詳しく扱っている。

14 Michio Kaku, "Your Cell Phone Has More Computing Power Than NASA Circa 1969," Knopf Doubleday Publishing Group, from Kaku, *Physics of the Future* (New York: Doubleday, 2011), http://knopfdoubleday.com/2011/03/14/your-cell-phone/, accessed November 12, 2017.

15 "Carpageddon: Australia Plans to Kill Carp with Herpes," *BBC News*, May 3, 2016, http://www.bbc.com/news/world-australia-36189409.

16 異なる種類の取り組みがそれぞれ道徳の輪の拡張にどう影響するかという点のほかに考えなければならないのは，効果重視の改革者が環境と健康の面から非動物性食品を推し，さほど効果を重んじない改革者が動物福祉を強く訴えた場合，その戦略が災いして動物福祉の評判が落ち，未来の進展がなおのこと妨げられかねないという点である。

17 Grace et al., "When Will AI Exceed Human Performance?"

18 本節の予測はいずれも，人間文明が現在の基本路線を歩み続けるという前提に立つ。すなわち，核戦争で人類が絶滅することはなく，独裁的な世界政府ができて社会と科学の進歩が妨げられることもない，など。

19 Conversation with Houman Shahi, 2017.

20 これは80パーセントの予測区間である。つまり筆者の考えでは，20パーセントの確率でこの段階は10年未満のうち，もしくは30年以上先に訪れる。見解を明瞭化して検証可能とするために具体的な時系列を示したくもあるが，同時にこの数字は直感による部分が大きく，正確さや信頼性を企図したものではないことも明言しておきたい。

21 Witwicki, "Social Movement Lessons from the British Antislavery Movement."

22 *Merriam-Webster's Collegiate Dictionary*, s.v. "weltschmerz."

23 Good Food Institute, "White Space Company Ideas."

解題

1 たとえば Food and Agriculture Organization of the United Nations (2018) "More than meat: Shaping the future of livestock," http://www.fao.org/news/story/en/item/1098231/icode/ および Intergovernmental Panel on Climate Change (2019)

"Climate Change and Land: An IPCC special report on climate change, desertification, land degradation, sustainable land management, food security, and greenhouse gas fluxes in terrestrial ecosystems," https://www.ipcc.ch/site/assets/uploads/2019/08/4.-SPM_Approved_Microsite_FINAL.pdf を参照（2021年6月22日アクセス）。

2 たとえば J. Otte, D. Roland-Holst, D. Pfeiffer, R. Soares-Magalhaes, J. Rushton, J. Graham and E. Silbergeld（2007）"Industrial Livestock Production and Global Health Risks" Pro-Poor Livestock Policy Initiative : Research Report, http://www.fao.org/3/bp285e/bp285e.pdf および Serge Morand（2020）"Emerging diseases, livestock expansion and biodiversity loss are positively related at global scale," *Biological Conservation* 248: 108707, https://www.sciencedirect.com/science/article/abs/pii/S0006320720307655 を参照（2021年6月22日アクセス）。

3 Peter Singer（2009）*Animal Liberation: The Definitive Classic of the Animal Movement*, New York: Harper Collins Publishers（ピーター・シンガー／戸田清訳［2011］『動物の解放　改訂版』人文書院）。

4 Tom Regan（1983）*The Case for Animal Rights*, Berkeley: The University of California Press.

5 たとえば Gary Francione and Anna Charlton（2015）*Animal Rights: The Abolitionist Approach*, Exempla Press を参照。

6 Saryta Rodriguez（2014）"Interview with John Sanbonmatsu, Associate Professor of Philosophy at Worcester Polytechnic Institute," Direct Action Everywhere , https://www.directactioneverywhere.com/theliberationist/2014-12-1-interview-with-john-sanbonmatsu-associate-professor-of-philosophy-at-worcester-polytechnic-institute（2021年6月25日アクセス）。

7 ハーパーのウェブサイト Sistah Vegan Project, http://sistahvegan.com/welcome/ を参照。食の砂漠地帯については同サイトの解説 Food Deserts 101, http://sistahvegan.com/food-deserts/ を参照（2021年6月25日アクセス）。

8 Chloe Taylor（2013）"On Gary Steiner's Animals and the Limits of Postmodernism: "Postmodern" Critical Animal Theory: A Defense," *PhaenEx* 8（2）: 255-270.

9 環境相の発表は SankeiBiz（2021）「小泉環境相，鶏の密集飼育の改善へ農水省と連携小泉環境相，鶏の密集飼育の改善へ農水省と連携」https://www.sankeibiz.jp/macro/news/210226/mca2102261504018-n1.htm より。不満と罵詈雑言は，たとえば nanjpost（2021）「【悲報】小泉進次郎『日本の養鶏業者は鶏を狭いケージで飼うのやめろ』」https://nanjpost.com/koizumi-shinjiro-egg/ を参照（2021年6月28日アクセス）。

10 たとえば志葉玲（2020）「自己満足？『環境のため一人ひとりができることを』ではダメな理由と対案」Yahoo! ニュース，https://news.yahoo.co.jp/byline/shivarei/20201229-00215151/ および毎日新聞（2021）「資本主義の先へ　レッツ！　脱プラ生活『不便』と向き合う体験」https://mainichi.jp/articles/20210307/ddm/014/040/017000c を参照（2021年6月28日アクセス）。

11 仏教徒が動物殺しの産物を消費していたことについては，たとえば苅米一志（2013）「狩人・漁人・武士と殺生・成仏観」（井原今朝男編『境の日本史3 中世の環境と開発・生業』吉川弘文館・所収）および亀山純生（2021）「日本仏教における食の思想の基本視座——中世における不殺生戒の日本的展開を介して」（『季報 唯物論研究 第155号』季報『唯物論研究』刊行会・所収）を参照。

12 これはビーガンにみられる「内向きの監視と規律の文化」として問題視される。ディネシュ・J・ワディウェル／井上太一訳（2019）『現代思想からの動物論』人文書院，363 ～ 364頁を参照。

ジェイシー・リース（Jacy Reese）

人類道徳の拡張を図るシンクタンク，情感研究所（Sentience Institute）の共同創設者。民間組織・科学技術・社会改革を研究。20カ国以上で講演を行ない，『ガーディアン』『フォーブス』『ヴォックス』などの国際メディアに注目される。現在は開発・養子縁組・人工知能に関する研究プロジェクトに従事。妻のケリー，救助した犬のアポロ，ディオニュソスとともにシカゴに在住。

井上太一（いのうえ・たいち）

翻訳家。人間中心主義を超えた倫理を発展させるべく，関連する海外文献の翻訳に携わる。マイケル・A・スラッシャー『動物実験の闇』（合同出版／2017年），ディネシュ・J・ワディウェル『現代思想からの動物論』（人文書院／2019年），エリーズ・ドゥソルニエ『牛乳をめぐる10の神話』（緑風出版／2020年）ほか，訳書多数。

ホームページ：「ペンと非暴力」（https://vegan-translator.themedia.jp/）

肉食の終わり

非動物性食品システム実現へのロードマップ

●

2021年11月26日　第1刷

著者………ジェイシー・リース
訳者………井上太一
装幀………和田悠里
発行者………成瀬雅人
発行所………株式会社原書房

〒160-0022　東京都新宿区新宿1-25-13
電話・代表03(3354)0685
振替・00150-6-151594
http://www.harashobo.co.jp

印刷………新灯印刷株式会社
製本………東京美術紙工協業組合

ISBN978-4-562-05968-3 Printed in Japan

「食べる」が変わる「食べる」を変える　豊かな食に殺されないための普通の方法

ビー・ウィルソン著　堤理華訳

「食」は喫煙や飲酒より恐ろしい「死のリスク第1位」。豊かに見えて実は貧しい現代人の食の構造を検証し、しかし単純な善悪論に陥ることなく、「普通」に食べる大切さを世界的なジャーナリストが指し示す。２８００円

人はこうして「食べる」を学ぶ

ビー・ウィルソン著　堤理華訳

肥満、偏食、拒食、過食……わかってはいるけど、ではどうすればいい？　日本やフィンランドの例も紹介しつつ、食に関する最新の知見と「食べる技術／食べさせる知恵」を〃母親目線〃で探るユニークな書！２８００円

風味は不思議　多感覚と「おいしい」の科学

ボブ・ホルムズ著　堤理華訳

なぜ「おいしい」の？　どうして「まずい」の？　人は味覚と嗅覚だけでなく触覚、聴覚、視覚、痛覚他も総動員して風味を感じている。最新の研究でわかってきた不思議で魅力的な「風味」の世界。２２００円

「自分で食べる！」が食べる力を育てる　赤ちゃん主導の離乳（ＢＬＷ）入門

Ｇ・ラプレイ／Ｔ・マーケット著　坂下玲子監訳

「ピューレをスプーンで」はもう古い。固形食を手づかみで食べる離乳で自然に口と歯、そして全身の発達を促す。英国発、赤ちゃんの能力を無理なく伸ばす注目の〃手づかみ食べ〃離乳法、ＢＬＷのすべて。２２００円

誰も農業を知らない　プロ農家だからわかる日本農業の未来

有坪民雄著

大規模農業論、６次産業化…机上の改革案が日本農業をつぶす。農家減少と高齢化、ビジネス感覚農業の盲点、農薬敵視の愚、遺伝子組み換え作物…プロ農家のリアルすぎる目で見た日本農業の現状と突破口。１８００円

（価格は税別）

パンの歴史 《「食」の図書館》
ウィリアム・ルーベル／堤理華訳

変幻自在のパンの中には、よりよい食と暮らしを追い求めてきた人類の歴史がつまっている。多くのカラー図版とともに読み解く人とパンの6千年の物語。世界中のパンで作るレシピ付。

2000円

カレーの歴史 《「食」の図書館》
コリーン・テイラー・セン／竹田円訳

「グローバル」という形容詞がふさわしいカレー。インド、イギリス、ヨーロッパ、南北アメリカ、アフリカ、アジア、日本など、世界中のカレーの歴史について豊富なカラー図版とともに楽しく読み解く。

2000円

キノコの歴史 《「食」の図書館》
シンシア・D・バーテルセン／関根光宏訳

「神の食べもの」か「悪魔の食べもの」か？ キノコ自体の平易な解説はもちろん、採集・食べ方・保存、毒殺と中毒、宗教と幻覚、現代のキノコ産業についてまで述べた、キノコと人間の文化の歴史。

2000円

お茶の歴史 《「食」の図書館》
ヘレン・サベリ／竹田円訳

中国、イギリス、インドの緑茶や紅茶のみならず、中央アジア、ロシア、トルコ、アフリカまで言及した、まさに「お茶の世界史」。日本茶、プラントハンター、ティーバッグ誕生秘話など、楽しい話題満載。

2000円

スパイスの歴史 《「食」の図書館》
フレッド・ツァラ／竹田円訳

シナモン、コショウ、トウガラシなど5つの最重要スパイスに注目し、古代～大航海時代～現代まで、食はもちろん経済、戦争、科学など、世界を動かす原動力としてのスパイスのドラマチックな歴史を描く。

2000円

（価格は税別）

チューリップの文化誌 《花と木の図書館》

シーリア・フィッシャー著　駒木令訳

遠い昔、中央アジアの山々でひっそりと咲いていたチューリップ。インド、中東を経てヨーロッパに伝わり、世界中で愛されるに至った波瀾万丈の歴史。政治、経済、芸術との関係や最新チューリップ事情も。　２３００円

菊の文化誌 《花と木の図書館》

トゥイグス・ウェイ著　春田純子訳

古代中国から現代まで、生と死を象徴する高貴な花、菊の知られざる歴史。菊をヨーロッパに運んだプラントハンターたちの秘話、浮世絵や印象派の絵画、菊と戦争、日本の菊文化ほか、菊のすべてに迫る。　２３００円

松の文化誌 《花と木の図書館》

ローラ・メイソン著　田口未和訳

厳しい環境にも耐えて生育する松。日本で長寿の象徴とされるように、松は世界中で、忍耐、知恵、多産等の意味をもつ特別な木だった。木材、食料、薬、接着剤、想像力の源泉……松と人間の豊かな歴史。　２３００円

竹の文化誌 《花と木の図書館》

スザンヌ・ルーカス著　山田美明訳

衣食住、文字の記録、楽器、工芸品…古来人間は竹と暮らし、精神的な意味をも見出してきた。現在、成長が速く環境負荷が小さい優良資源としても注目される。竹と人間が織りなす歴史と可能性を描く文化誌。　２３００円

バラの文化誌 《花と木の図書館》

キャサリン・ホーウッド著　駒木令訳

愛とロマンスを象徴する特別な花、バラ。３５００万年前の化石から現代まで、植物学、宗教、社会、芸術ほかあらゆる面からバラと人間の豊かな歴史をたどる。世界のバラ園、香油、香水等の話題も満載。　２３００円

（価格は税別）